讓全世界愛上我推

用自己的話，寫出人人追蹤的社群爆文術

推しの素晴らしさを
語りたいのに
「やばい!」しかでてこない

自分の言葉をつくるオタク文章術

三宅香帆 —— 著　林佑純 —— 譯

Discover

前言

你一直全力應援的——
偶像、演員、樂團、YouTuber。

指引你人生方向的——
漫畫、動畫、電影、小說、遊戲。

親眼看到就會心跳加速的——
Live 演唱會、舞台劇、賽事。

既然你拿起了這本書，
代表你一定有支持的「推」（推し，OSHI），
也就是那個你最喜歡的存在吧。

當推帶給你滿滿感動時，許多人可能會心想：
「好想跟別人聊聊我家愛豆呀！」
「我好希望大家都能了解我推的魅力！」
「真想分享我推的美好！」

但當你真想開始寫時，
卻只能脫口而出：「太讚了！」

因為怎麼想都只能想到平凡的字句，
你在心裡盤算著：「算了，等我好好想想再來寫吧」，
然後時間就這樣過去了，而你還是什麼都沒寫。
這種事，你是不是也經歷過呢？

「唉，一定是因為我的詞彙量太少，才寫不出來。」
「是不是因為我觀察力不夠、也不會分析，所以寫不出東西？」
「我這個人就是不擅長用言語來表達。」
或許你會在心裡這麼想著。

其實，你完全沒有必要
為此感到沮喪。

因為，當你想將自己的想法化為文字時，
最重要的並不是詞彙力。
當然，觀察力或分析力也不是關鍵。

你真正需要的是，掌握用言語和文字表達所思所想的「小訣竅」。

只要能掌握這些「訣竅」，
任何人都可以用自己的話，來表達任何想法。
如果你能用自己的話來談論「推」的魅力，
你的「推活」*將會更有樂趣。
用自己的話，
去推廣自己熱愛的人事物。
這種快樂，希望各位務必親自體會看看！

*「推活」為日文「推し活」的音譯，結合「推し」（OSHI，指喜歡的對象）與「活動」（KATSU）二字，泛指用各種形式支持喜歡的人或事物。

在這裡，請讓我先做個簡單的自我介紹。

首先，我推的對象是偶像和寶塚。我平常會在推特（X，舊稱 Twitter）上跟同好交流，在 Instagram 上欣賞推的照片，在網路上到處搜尋和我推相關的感想和發文，還會懷抱著期待，等著看舞台劇或演唱會，以及我推直播的到來。簡單來說，我就是一個從我推身上獲得能量的標準宅女！

另一方面，我從小就很喜歡看書和漫畫，每當某部作品帶給我感動時，我心裡總會浮現這個想法：「哇，好想把這份感動化為文字表達出來！」或許是因為這股強烈的渴望一直存在，我開始在部落格上發表書評。經營至今，這份興趣也變成了我的職業——即所謂的書評家。

在日常生活中，我每天都會搜尋、閱讀有關「推」的文章，而在工作上，則是不斷地撰寫關於「書籍」的文章。

這樣的日子久了，我常會被問到這樣的問題：

「我也想發表跟我推有關的內容，但要怎麼做才能將自己的想法或情感，好好轉化為文字語言呢？」

我平常以書評的身分所發表的文章，其實就是在介紹名為「書籍」的「推」的魅力。

仔細想想，無論是寫書評或有關宅宅喜好的文章，其實都是在做同一件事，那就是談論自己喜愛的人事物……！

如果是這樣，我靠著寫書評培養出來的寫作技術，或許可以幫助更多「想要暢談推」的人……!? 隨著更常被問到類似問題，我開始萌生這樣的想法，而這也是我動筆撰寫本書的重要契機。

「我想公開談論自己的推。」

但是這時候，有些人可能會打退堂鼓：「可是，我會的詞彙並不多……」或是「我沒讀多少書，不擅長把感動化為詞句，寫不出厲害的文章」。

請放心，這些都不成問題。

你真正需要的不是詞彙能力，也不用大量閱讀。

想公開談論自己的推時，最重要的一件事是——

打造專屬自己的言語。

就這麼簡單。

「自己的言語？這不是大家平常都在做、也做得到的事嗎？」看到這裡，或許有人會浮現這種想法。但事實上，在當今這個時代，「打造自己的言語」反而是相當困難的事。

因為我們正處在一個SNS社群媒體非常發達，「無時無刻都在被他人所影響的時代」。

平時偶爾想放鬆一下，隨意滑滑手機時，我們就會不自覺地在SNS上接觸到別人所發布的各種資訊和觀點。

於是，來自朋友的發言、陌生人的貼文……日復一日，大量的資訊湧入我們的腦中。現代人所接收的資訊量及速度，已經達到了前所未有的驚人程度。

例如，喜歡偶像的人，應該每天都會在社群媒體上看到各種有關偶像的正反意見吧。不瞞你說，我自己也是。

在SNS上能看到許多精彩的故事，以及光看就令人開心、振奮的話語，但同時也會發現不少令人感到不太舒服的言論。

你有過這樣的經驗嗎？看完一部自己覺得很棒的電影，卻在看過別人的感想後反而忘記了自己原本的感受，彷彿別人的評論打從一開始就是自己內心所想的……我自己就常常有這樣的感覺。對於每天習慣瀏覽社群媒體的人們來說，這應該是一種「日常」吧。

我們無可避免地會受到他人言論影響。

但這其實是相當危險的警訊。

我們可能在不知不覺間，把他人的話，當成是自己的觀點，逐漸迷失了自己真正的看法。

當然，受他人影響本身並不是壞事。但如果我們完全失去了自己個人的觀點和感想，未免也太令人難過了。當我們太容易被別人的話左右，思考方式無形中受到支配、甚至產生一種被洗腦的錯覺，確實會讓人有點害怕。

這時，知道如何「打造專屬自己的言語」，就顯得格外重要。

學會與他人的言論保持安全距離。

擁有專屬自己的表達技巧，已是這個時代不可或缺的能力。

本書將為你介紹在現代社會中必備的技能——「打造專屬自己的言語」。

不過，別緊張！這並不是什麼艱深複雜的寫作訓練。

不管你是容易詞窮、不擅長表達、還是常常受到別人想法所影響……

我寫下這些內容，就是希望幫助你掌握幾個簡單的小訣竅，開始「練習用自己的方式，好好說出你想說的話」。

用自己的話，來發表對我推（＝熱愛的人事物）的想法。

若真能做到這一點，你對推的愛與羈絆，一定也會變得更加深刻吧。

這麼做也會帶來許多好處，包括：

- 對你想推廣的人或事物有更清楚、細膩的理解
- 讓更多人認識自己的推

- 當你對所愛感到猶豫迷茫時，能用文字或言語來整理自己的思緒
- 對自己喜歡推的原因，有更深一層的理解

當你能用自己的話來討論推，一定能為你的人生帶來正面的影響。

我將自己身為書評多年來累積的經驗，把「如何用自己的話來談論我推」的技巧，濃縮成這本書，完整傳授給你。

無論你的「推」是什麼，都沒有關係！

不管是演員、聲優、VTuber、YouTuber、偶像、樂團、歌手、運動員，還是動漫角色或作品、書籍、漫畫、電影，抑或是釣魚、登山、跑步、旅行、圍棋、將棋……只要是你熱愛的人事物，都值得分享給更多人知道！

本書將依據不同的發表方式，提供詳盡的解說，包括：社群媒體上的短篇

貼文、部落格長文、與朋友的對話、甚至是透過語音向不特定多數人分享……讓你能夠根據需求，找到最適合的表達方式。

當你想發表並分享自己喜愛的人事物時，如果這本書能派上用場，我會感到無比開心。

透過談論我推，你會發現這不只是理解推的過程，更是在探索自己的「喜歡」從何而來。**暢談推，也是在暢談你自己的人生。**

那麼，準備好要盡情聊聊你的推了嗎？

你所說的話、你所寫下的文字，或許有一天會讓你的推更加耀眼奪目喔！

三宅香帆

contents

第2章 寫下對我推的熱愛，就從這裡開始 51

第3章 讓你的推發光！用說話傳遞魅力 111

第6章
學習高手寫推文，讓你的推更吸睛！

第1章

暢談推，也是暢談自己的人生

只要掌握技巧，任何人都能談論自己的推

要怎麼談論自己的推

你有自己「推」的對象嗎？

「推」這個詞，近年來可以用來形容的對象越來越廣泛了。你的推，或許是你一直以來支持的偶像、歌手、演員、聲優、VTuber，也可能是你喜愛的動畫、書籍、電影、漫畫、遊戲等作品，或是你熱衷的運動、釣魚、西洋棋等興趣愛好，甚至可能是你積極想推薦給別人的商品、習慣等等。

雖然以前也有「粉絲」、「特別偏愛、支持」這樣的詞，但**「推」這個詞的特徵，在於包含了「推薦」的意思，也就是想要推薦給別人的心情**。換句話說，

「推」不只是單純喜歡而已，而是帶著一種「好想介紹給其他人！」「想用言語形容其魅力、分析它到底棒在哪！」這樣的願望，或許這就是成為「推」的必要條件吧。

問題是，我們該怎麼談論自己的推呢？

雖然「推」這個詞廣為流傳，卻沒有人認真教過我們該怎麼談論我推。當然了，你大可隨心所欲地高談闊論，把自己所愛人事物的魅力直接表達出來就好──這一點毋庸置疑。但老實說，你是不是有時難免也會萌生「真希望有人能來教教我該怎麼表達」的想法和心情呢？

日本人對「真實感受式心得」的盲目信仰

想當然爾，學校不會特別開班授課，教你怎麼介紹自己的推。不過，請回想看看，各位都寫過讀書心得吧？

相信大家都有過這種經驗：不少老師會叫學生在暑假選一本書閱讀，寫下讀後感。可是呢，學校幾乎從來沒教過我們這類心得到底要怎麼寫。

老師出了作業，卻不教解題方法。教的頂多是稿紙怎麼寫、「的、了、和、與」這些助詞的用法、說明規定字數……但光是知道這些寫作的基本規則，就能寫出讀書心得了嗎？我想大多數學生一定會直接回答：「這樣才寫不出來！」

儘管如此，學校之所以會毫無顧忌地繼續出「讀書心得」這種作業，其實是基於一種信仰——「只要寫下自己真實的感受，自然就會是一篇好文章」。

只要直白地記錄自己閱讀時的感受，就能寫出精彩的讀後感——無論是老師和學生，大概都是這麼想的吧？

可是，現實世界中哪有這麼簡單的事。

試想一下，如果只需要如實記錄自己的感受，就能寫出好的讀後感，那世界上還需要書評家嗎!?

以書評為業（大概也能以讀後感專家自居）的我，真的很想挺身而出說道：「欸，各位，別小看『感想』這件事喔！」

寫作，是需要特定技術的。

唯有運用一定的技巧，才能寫出真正精彩的心得。換個角度來說，「**只要掌握了書寫的技術，就能寫出好的感想和文章**」。

況且，所謂讀後感，換個角度想，不就是一種「推坑文」嗎？畢竟寫的是自己喜歡、很「推」的書。

既然如此，這其中必定存在一些不可或缺的寫作技術。

寫粉絲信、經營社群、部落格長文都適用的技術

在本書中會陸續和大家分享身為書評家的我，寫作多年來所掌握的「推坑必備技巧」。身為書評，我的工作就是不斷尋找值得推薦的好書，然後寫下文章……在這樣的環境之下，自然而然地累積了各種寫作相關技巧。

當然，這本書不只適合想暢談推的人，也同樣適合想表達個人想法的人，提供能夠靈活應用在各種主題的寫作術！

除了像我這樣從事文字工作的人，這些技巧，對於常在社群媒體或部落格上發文談論我推的人、想寫信給自家偶像的人、乃至單純只想和朋友聊聊自身所愛的人等等，相信都能從中獲益。

舉例來說，我個人從來不曾為了寫粉絲信而感到煩惱。

看到這裡……各位可能忍不住想吐槽：「這人也會寫粉絲信啊！」是的，我確實會寫，不是出於工作上的需要，單純只是因為個人興趣而寫信去支持自己喜歡的對象。

有一次，我在跟粉絲圈同好聊天時，意識到自己從來沒有為了寫粉絲信而感到困擾。也許因為我的職業是文字工作者，長年累月地尋找題材與寫作訓練，讓我在寫粉絲信時，也自然培養出一套自己特有的方法……

當你在寫粉絲信、更新社群或部落格時，如果有過這樣的煩惱：「**好想談論自己的推，可是不知道從哪裡找題材！**」或是「**很想介紹自己的推，但詞彙量太少，每次都只能用差不多的字眼來表達，實在很困擾！**」誠摯希望本書能對你有所幫助。

接下來，我們會正式開始進入「如何暢談自己的推」這個主題。

「自己獨有的感受」是寫好感想最大的關鍵！

把真實的想法化爲文字語言，其實不簡單

直接破題吧！在談論自己的推時，最重要的事是什麼？

從結論來說，最重要的就是「自己獨有的感受」。

或許有人會以為「所謂『自己獨有的感受』，意思是要把自己當下真實的感覺原原本本地寫出來嗎？」但其實還是有些許差異的。

因為「自己獨有的感受」，指的就是「完全出自個人內心，將你的體會轉化為文字，而不是沿用那些已被他人反覆使用、或流行一時的說法與想法」。

比方說，有人認為創作必須具備原創性，這點確實沒錯。如果你寫出來的內容與他人如出一轍，這篇文章自然也就失去了存在的價值，因為類似的東西早就

出現過了。

談論自己的推，其實也是同樣的道理。如果你只是沿用別人早就說過的詞彙或跟風常見的表達，那麼你的感想就不具有獨一無二的特性。真正重要的是寫下只屬於你自己、不可取代的感受，因為唯有如此才能展現談論我推真正的意義，也才能創造出前所未見的原創感想。

你可能會覺得：「不就是把自己內心真正的想法直接寫出來嗎？應該不難吧！」但事實上，這件事意外地困難。

因為人類這種生物，只要一不注意，就會下意識地照抄那些早已被大量使用、到處可見的「陳腔濫調」。

名爲「陳腔濫調」的創作大敵

你聽過「cliché」這個詞嗎？

所謂的 cliché，就是指那些在許多場合遭到濫用的語言或情境，導致原本的意義和新鮮感消失殆盡。例如：**老掉牙的情節、司空見慣的台詞、泛濫到失去新意的詞彙……這些在法文和英文中統稱為「cliché」**。

遺憾的是，中文裡並沒有完全相對應的用語。如果硬要找，或許「陳腔濫調」、「老套」、「俗套」是最接近的。而這類 cliché 正是我們在表達感想，或寫作時最應該提防的敵人，也是最容易抹煞你原本真實感受的兇手！

具體來說是怎麼回事呢？舉個例子，假設你很推的作品是一部漫畫，想用某種方式向大家傳達這部漫畫有多精彩，於是決定在社群媒體上介紹其魅力。

「這部漫畫真的很催淚又超感人。實在發人深省。」

然而，這樣根本無法表達這部漫畫的魅力啊！「可是，偏偏自己詞彙量又不足，寫不出像樣的感想啊～唉～～～……」或許有人會因此蹲坐在地上懊惱吧？我以前就是這樣。

你知道這種寫法，到底是哪裡出了問題嗎？

其實真正的問題不在你身上，而在於以下三種措辭：

①「感動落淚」

②「超感人」

③「發人深省」

事實上，這三個詞正是「感想界的 cliché ＝老套表達」，也就是最容易流於俗套的表達方式。

尤其是「感動落淚」和「發人深省」這兩個詞，格外需要特別注意。因為一旦使用了這些詞彙，你的大腦就很容易停止繼續深入思考。

舉例來說，電影宣傳廣告經常使用「全美淚崩」這種說法，用到最後甚至引來吐槽：「全美國哪有哭成那樣」。其實，這些吐槽並不是真的在意美國是不是真的有很多人感動落淚，而是在揶揄「催淚」、「淚崩」這種被大量濫用、失去真實感的宣傳手法。換句話說，就是對 cliché 的諷刺。

請把 cliché 當成是奪走你語言表達能力的大敵。

有些用語經常出現在各種場合、看似煞有其事，只要一用上，文章就會看起來有模有樣，乍看像是一篇不錯的「感想」。例如「發人深省」這種詞，一旦套用，就會讓人覺得自己「好像寫出了很有深度的感想」。

但在寫作時，你應該先把這些被用到爛的詞彙拋到腦後。因為「cliché = 老套表達」正是奪走你自己真正獨特表達能力的元兇。

不受他人言語支配

只有停止使用「cliché＝陳腔濫調」之後，才能真正寫出「自己獨有的感受」。**試著不再使用那些看似合理、但其實很老套的表達方式，誠實地將自己真正的情感、想法、印象與觀點用自己的話表達出來。光是做到這一點，就足以創造出具有獨創性的表達方式。**

神奇的是，如果你開始訓練自己不再使用cliché，能寫出感想的內容與題材數量就會逐漸增加。這是真的！至於這其中的原理，後續章節會詳細解釋。

首先，請務必珍惜「屬於你自己的話」，排除常見的老套表達。所謂「自己的話」，也代表了你自己的感受與思維。

因為我們只要稍一放鬆，就會很輕易地被他人或世俗流行的語言所「支配」。說「支配」可能有點誇張，但實際上，我們一旦沒有特別留意，就很容易不再思考，直接「複製貼上」社會當下流行的詞彙。

也許人類本來就是這樣的生物。不然，小嬰兒怎麼可能學會說話呢？

不過儘管如此，我們也要努力對抗這種人類的天性，盡量用自己獨有的語言去表達。

當別人或這個社會企圖「植入」某個詞彙給你的時候，請稍微停下來想一下：「我真的要使用這個詞嗎？」接著試著重新找回屬於你自己真正的情感和想法，並且將其化作言語表達出來。這其實是一個非常重要的過程。

這時有人或許會覺得，只是想聊聊自己的推而已，有必要這麼嚴肅嗎～！但事實上，談論自己推的對象，本來就是一個很容易受到他人影響的話題。

不知道你有沒有過這樣的經驗？當別人也有同樣興趣或喜好時，自己很容易在不知不覺間受到對方的看法影響。

「我本來覺得●●很棒，但聽到同好說『●●很普通啊』之後，不知為什麼也開始覺得●●好像也沒那麼好了……」

這個「●●」可以是你喜歡的電影、場景、人物，或任何東西。我想，應該不少人都有過這樣的經驗吧。

你可能會覺得，既然只是自己的興趣或喜好，就算受到別人的影響也無所謂。但如果這種影響出現在你表達感想時，就會導致你原本能傳達出的「只屬於你自己的感想」，在不知不覺中消失殆盡。這樣豈不是太可惜了！

既然都要將感想化為文字語言，就更應該珍惜自己獨有的感受！不要被世俗社會或他人的言論牽著鼻子走，只要持續練習使用真正屬於自己的語言來表達，就能逐漸養成習慣。

第二章將會詳細說明「如何珍惜自己獨有的感受」。在這之前，希望你先記住：「珍惜自己真正的感受真的很重要～」。

好文必備！「用心表達的意識」

清楚表達的關鍵——「下了多少工夫」

現在假設你已經成功地擺脫了陳腔濫調，並且能用自己真正的感情表達出你的想法。

但光是這樣，你寫出來的文章就算完成了嗎？很可惜，答案是「還沒」。事實上，寫文章還需要另一個重要的要素。

這個要素就是「工夫」。更精確地說，就是「用心表達的意識」。

你可能會覺得我又在賣弄「意識」、「志向」這種很誇張的字眼了，但這其實非常重要。如前所述，日本的作文教育有一種迷思，認為只要把當下真實的感覺寫出來，就是一篇作文。但實際上根本不是這麼一回事。

如果一篇文章的核心是「自己獨有的感受」，那麼在這個核心之外，還需要有「表達上的工夫」來包裝，否則這份感受將無法清楚地傳達給他人。

當然，如果你寫的內容壓根沒打算讓別人看，說實話，只要有核心（也就是你的真實感覺）就足夠了。像我自己在寫日記時，根本不會在意什麼表達技巧，因為只要自己看得懂就好。

但如果你希望文章有人閱讀，或希望他人能理解你真正想表達的意思，那麼認真思考如何讓文字更清楚、更容易理解，就是不可或缺的前提。你最終投入多少心力去琢磨、修潤，將直接影響讀者對文章的理解程度。

無論腦中浮現什麼，都先用自己的話寫下來；但接下來，還需要為了更清楚地傳達給他人，進一步修飾、改進表達的方式。唯有多做這一步「用心」，你的文章才能真正成為一篇能夠傳遞情感與想法的好作品。

下工夫也能很有趣

話雖如此，其實不只是寫文章，無論做什麼事，下工夫本來就很麻煩。

我自己就很討厭做菜。別人再怎麼強調：「只要多花一點工夫，味道就會更好喔！」我內心還是會忍不住想吐槽：「問題就在於得多花一點工夫很麻煩啊！」我就是想直接用現成的柴魚高湯包，甚至乾脆直接買含有柴魚高湯的味噌來用就好了嘛……

所幸的是，在寫文章這件事上，我覺得「下工夫」還滿有趣的，這也是我能夠從事書評這份工作的原因。不過，也許正在看這本書的你會覺得：「蛤？連這種工夫都要下喔，好麻煩喔。」這時，我建議你只要做自己能力範圍內覺得有趣、能樂在其中的「工夫」就好了。

如果花在寫作上的時間太長，你可能會越寫越沒動力，甚至完全寫不下去。

倘若因為寫作花了太多時間，導致你的生活受到影響，那就本末倒置了，更別說還要談論自己推的對象。

正因如此，下工夫最理想的程度，就是「做到這裡，我還是覺得很開心」的範圍內就好。至於「超過這條線就太麻煩了，我不想做了」的界線，還請各位自行判斷吧！

文章的好壞，並非取決於文采！

能夠傳達給讀者的文章，是因為作者願意「用心下工夫」，讓讀者更容易理解。換句話說，就算是文筆再出色的天才，也絕對不可能不經過任何修飾與推敲，就能寫出一篇好文章。

這就是為什麼，我其實並不太相信所謂的「文采」這個說法。

或許世上確實存在「寫作天賦」，但比起天賦，願意花時間琢磨、精進表達方式，才是真正影響文章完成度的關鍵因素。

當然，對於不以寫小說為職業的人來說，可能不太會去在意自己有沒有「文采」。但其實，文章的優劣並不取決於天賦，而是取決於「下了多少工夫」。如果你帶著這種觀點去閱讀各種文章，或許會發現，眼中的世界開始變得不太一樣了。

你可能會開始注意到：「啊，用了這個詞後文章變得更好懂了！」或是「在這裡換行，反而讓文章變得難讀了呢！」這樣一來，你能從別人的文章中學到的東西也會變得更多。

不論是只有一個人讀的粉絲信，還是希望能讓更多人看到的部落格文章，只要願意多花點心思推敲表達方式，都會大大影響文章的可讀性與傳達效果。

這並不是在強調：「想寫好文章就要拚命努力！」最重要的關鍵在於，你首先需要擁有「願意用心下工夫」的心態。

寫作需要的不是讀解力，而是「妄想力」！

寫感想，其實不需要讀解力和觀察力

寫作時最重要的是以「自身情感／感受」為核心，並透過適當的表達方式來包裝這個核心。即便如此，你可能仍會感到困惑，「該怎麼創造這個核心？我在寫作時總是很難將想法轉化成語句」。

確實，即使下定決心要「寫點關於推的東西！」靈感也不是說來就來，並不是隨時都能找到適合的題材。類似這樣的煩惱，我聽過很多次。

當你想寫下一本書或漫畫的感想時，可能會擔心：「我缺乏讀解力，所以寫不出什麼深入的感想」；或者當你心血來潮、想寫寫自己喜歡的偶像，也可能會

嘆氣：「我觀察力不夠敏銳，不知該從何寫起。」

想用文字語言來表達自己喜歡的作品或人物的魅力，卻覺得自己沒有足夠的讀解力和觀察力，無法具體拆解、分析這份魅力。相信不少人或許都有過這樣的困擾。

但事實上，寫感想時，真正重要的既不是讀解力，也不是觀察力。

那麼，到底需要的是什麼呢？答案就是「妄想力」。

「妄想力」是什麼？

簡單來說，妄想力就是一種能夠擴展自己思考的能力，亦即可讓自己的想法自由延伸、不受限制地展開思考的能力。

感想來自妄想的延伸

舉個例子，假設你的推在一部劇中演出了一場超棒的名場面，讓你感動得不得了。

你想把這份感動寫進給推的粉絲信裡，但問題是，你不知道該怎麼寫，滿腦子只有一個念頭——「真的太棒了！這場戲真的超棒！」

然而，光是「超棒！」還不足以寫好一封粉絲信，這時候，從「覺得很棒」這個出發點出發，進一步延展思考的能力，就是「妄想力」。

比方說，你推的演員在劇中說了一句超讚的台詞，讓你忍不住在腦海中反覆回味：「啊～那場戲真的好棒～～」接著，你開始思考：「究竟是好在哪裡呢？」

你看到的是一場戀愛劇中兩人兩情相悅、互相表白的場景，這類場面應該很常見吧？但仔細想想，好像很少有人會用這麼自然、不經修飾的方式來說出關鍵台詞？一般來說，這種場景的演出方式很容易變得刻意又誇張，但你喜歡的演員卻完全沒有那種矯揉造作的感覺，這是他特意營造的嗎？還是說，這與角色的設定有關？他的詮釋方式，讓這個角色更有層次、更立體了嗎？相比他以往的作品，這次的演技明顯更上一層樓，是因為這個角色特別適合他嗎？又或者，其實是因為這部戲的劇本寫得更好呢？

諸如此類的問題，都是從一個簡單的「好棒！」開始，但當我們要分析「為什麼覺得好看」時，這種不斷擴展思考的妄想力，正是寫感想時不可或缺的能力。如果只是靜靜地觀看、仔細閱讀，卻沒有主動去思考，並不足以讓感想變豐富。試著從「為什麼會覺得這場戲很棒？」「哪些地方特別棒？」等問題出發，激發出更多名為「思考」的妄想力。

此外，**你也可以把自己過去看過的作品、曾經喜歡的角色拿來對比，看看推這次的演出是否有新的突破。透過這種方式，妄想會越滾越大，靈感也會源源不絕。當你習慣這種思考模式後，感想的題材自然會變多，不再覺得無話可寫。**

因爲是「妄想」，無須在意對錯

聽到寫感想「需要讀解力、觀察力、分析力」時，你可能會覺得壓力很大，而心想「這些能力到底該怎麼培養呢？」這種心情我完全能理解，因為其實我自己也不知道該怎麼「鍛鍊」這些能力。

但如果有人告訴你，妄想力就是「只要隨心所欲地妄想，無論怎麼想都可以！」你會不會覺得容易許多呢？

舉例來說，每當我讀完一本書，腦海中總會自動浮現過去讀過的書，或是與這本書類似的作品，推敲出更多想法：「這本書跟那本有點像呢……不過，這裡的處理方式不同，所以才讓這本書更有趣。」即使是一本自己覺得無聊的書，我也會想：「如果是這種類型的作品，那某某書應該更好看。」然後我的思緒又會慢慢發散開來：「為什麼會出現這種題材的書呢？」像這樣，漫無目的地胡思亂想，已經成了我個人習慣的思考模式。

包括「以當今時代趨勢來說，這樣的劇情是不是比較容易賣座？」又或者「這個角色設定好像不太討年輕讀者喜歡，但為什麼我會有這種感覺呢？」……像這樣，我會不斷地讓自己的妄想延伸下去。

這些妄想，最後都會成為我寫書評的靈感。

這裡最重要的一點在於，我提出的這些想法，幾乎全都來自妄想。也就是說，我也無法確定這些想法是否正確。

我可能會覺得「這本書和那本書很像」，但實際上作者有沒有參考過那本書的內容，我並不知道。對別人來說，這兩本書或許一點也不像。如果讓作者本人或其他讀者知道我的想法，他們或許會困惑地皺眉，覺得我的想法很奇怪。

但這些都無所謂，因為這只是妄想。**妄想是否符合客觀事實並不重要，最重要的關鍵在於，讓妄想不斷延伸，擴展自己的思考。**

妄想力，讓思考更有深度

當然，這並不代表我們可以把妄想當成事實，直接寫進文章裡。即使你認為「××和●●很像，甚至可以說××是在向●●致敬了吧～」，在寫書評時也不能直接寫：「××的作者明顯就是在學●●這部作品」，這樣等於在散布毫無根據的謠言。

但如果你在明確表示這只是個人感受之後，再寫道「我覺得××和●●真的蠻像的。因為在～～方面的發展有共同點，這樣的設定似乎象徵現今這個時代的趨勢」，這樣的表達方式，就能成為一篇出色的感想文。

假如你認為自己寫不出感想，或是找不到靈感，請試著擴展你心中的妄想。不論這些想法是否正確無誤，先試著在腦海裡反覆咀嚼、逐步擴大自己的感想，這才是最重要的。

當然，當你寫出精彩的感想，最終會讓人覺得你的觀察力和讀解力很高，這種情況確實經常發生。但其實那只是結果，我們真正應該培養的是「妄想力」。

至於該如何具體運用妄想力來推敲感想，也就是在動筆之前該如何展開妄想，這部分將在第二章詳細說明。

傳遞推的魅力，就是熱愛自己的人生

到目前為止，我們已經談過三個關鍵重點：「以自身情感／感受作為核心」的重要性；「用心下工夫來包裝，才能讓文章更具傳達力」；以及「只要運用妄想力，感想自然會源源不絕」。

至於該如何具體掌握這三點，下一章會進一步說明。

能夠像他人傳達我推的魅力，真的是一件非常美好的事。當我們談論自己喜愛的人事物時，實際上也是在談論自己、表達自己。

當你能夠冷靜地將自己的喜好化作文字，你對自己的理解也會變得更加深入。同時，因為你是在描述他人，視角也會自然而然地朝向「自己以外的他者」。久而久之，你會逐漸培養出發現他人魅力與優點的能力。

我真心這麼認為，能夠談論、用文字去記錄自己遇見並深深喜愛的人事物，實際上也是在述說自己生命中的美好。

正因如此，請一定要好好享受這個過程，盡情地談論你的推吧！

既然要分享，當然要用更愉快、更能打動人的方式來表達，這樣不論是你自己，還是讀到這些文字的對方，都會感到更加幸福。希望這本書能夠成為你的助力。

現在，關於抽象理論的討論就到此為止。從下一章開始，我們將正式進入「如何具體談論推」的技巧與方法。

準備好開始暢談你的推了嗎？

第2章

寫下對我推的熱愛，就從這裡開始

為什麼要用文字表達對我推的熱愛？

別讓你的感動只剩「超棒！好感動！」

「我要寫一篇文章，來傳達我推的美好吧……！」

抱著這樣的決心，你或許買了信紙準備寫粉絲信，開了更多社群帳號，甚至還建立了一個部落格。但接下來，又該怎麼做呢？

假設你這麼決定：「來寫一下最近那場超棒演唱會的心得好了。」

該從哪裡開始寫呢？呃，你突然一籌莫展，只能想到像「太棒了」這種話。

那麼，該寫寫歌單有多精彩嗎？還是分享自己終於聽到心心念念的那首歌？或者，來說說我推MC主持的功力很強？還是聊聊我推那天的服裝造型呢？啊～到底應該從哪裡寫起？話說回來，那場演唱會最棒的地方到底是什麼？

正如先前所說，有些人會來找我諮詢：「我想把推的魅力用文字表達出來，但總覺得詞彙量不足，想不到合適的詞句。」

事實上，我也有相同的困擾。每當我想寫「傳達我推魅力的文章」時，腦海中總是充滿各種想法，變得混亂不已。

畢竟要將推的魅力轉化為文字，哪有那麼簡單？我能想到的只有「最棒了」、「超讚」、「太了不起了」……這類簡單的詞彙。明明「看到推而感動」，但我卻無法進一步具體地表達出那份感動。

但我並不認為這種狀態就是不好。因為，**一個人無法立刻將感動轉化為言語，其實是很正常的一件事**。

說到底，感動本來就是一種難以用言語形容的情感。

古人也有「超讚」的說法？語言一直在進化

日本古語中有一個詞叫做「感慨萬千」（あはれなり，AHARE-NARI）。這個詞蘊含了「觸動心弦」、「內心湧上一陣感動」、「忍不住想放聲大叫」等多種情緒，單用一句「あはれなり」就能概括這種難以言喻的感覺。

就像有什麼東西猛地撞進你的心房，強烈地迸發出來。這些情緒有時是積極正向的（＝正面情緒），有時則可能帶有消極的色彩（＝負面情緒）。

無論是喜是悲，這種情緒達到極致的狀態，就是古語中「感慨萬千」所要傳達的心境。能夠創造出這麼方便的詞彙，古人真的很厲害！

然而，現代日語中並沒有能夠完全取代「あはれなり」的詞彙。

或許「感動」、「感謝」這類詞語最為接近，但至今還沒有一個詞能夠完整涵蓋「感慨萬千」所表達的所有情感與意涵。於是，不知不覺間，我們發明了現代版的「感慨萬千」——也就是「やばい」（やばい，YABAI，意指「超棒、超糟、震撼、驚人」等強烈感受的統稱，臺灣口語也常會直接音譯為「牙敗、牙拜」）。

「やばい」這個詞，不論是正面還是負面的情緒，只要內心受到強烈觸動，人們都會喊出「やばい」來形容。**不管是遇到極好的狀況還是極糟的情境，當情緒劇烈波動時，直覺的反應就是：「牙敗！」這種用法，其實和古語中的「あはれなり」完全一樣。**

順帶一提，正因如此，當有人批評現代年輕人「老是說『牙敗』，語彙太貧乏了吧！」時，我真的無法理解這種說法。因為「やばい」不就是現代版的「あはれなり」嗎？平安時代的人可以用，為什麼現代人就不行？這根本說不通！

日本自古以來，就有用「單一詞彙概括強烈情緒波動」的文化，而這樣的表達方式，正是為了應對那些無法用其他方式形容的感受。

情緒瞬間湧上，全身不由自主地被牽動，彷彿見證了某種了不起的事物——這到底是什麼？

眼前發生的一切，讓人無法立刻用語言來形容，因為那是前所未見的衝擊，超出了自己的理解範圍。正是在這樣的狀態下，我們才會真正感受到「感動」。

既然如此，就算一時之間無法用語言來表達自己的感受，也沒什麼好覺得丟臉的。換個角度想，你應該為自己能夠遇見這種無法言喻的感動而感到慶幸，這樣的邂逅，在人生當中並不常見。

不論這份情緒是正向還是負向，能夠讓內心產生如此劇烈波動的瞬間，本身就是人生中難得的珍貴禮物。

「喜歡」不是理所當然，用語言讓感動扎根

「感謝我的推帶來這份感動！只要放在心裡就好，不一定要特別用言語表達。」……如果你這樣想的話，意味著你也不會在社群媒體、部落格或粉絲信上寫出你的想法，最後不了了之。這樣會不會有點可惜呢？

當然，真正感動的瞬間，你大可只留存在自己心中，不一定非得跟別人分享。單純將它存放在腦海裡當作一段珍貴的回憶，也是一種選擇。

但我個人的做法是，「即使只是寫進只有自己會看的日記或記事本裡，用自己的話將感動記錄下來，仍然是一件很棒的事」。

因為，當我們用自己的語言寫下所喜歡的事物，也是在確認：這份喜歡是真實的，也值得相信。

就像我在第一章最後提到的——當我們談論自己喜歡的人事物時，其實也正在描繪自己的樣子。那些讓我們由衷感到美好的事物，無論是人還是作品，都會

在不知不覺中對我們產生深遠的影響。當然，不愉快的經歷或痛苦的事件同樣會形塑出一部分的自我；但總的來說，喜歡的事物所留下的痕跡，往往更加深刻。

這也意味著，既然我們的喜好在形塑自我時占有極大的比重，那麼，試著用語言表達「自己喜歡的事物」，也就是在表達自己的存在。

然而，無論多麼熱愛某件事物，「喜歡」這種感情，總有動搖的一天。我是如此深信不疑的。

「喜歡」這種情感，其實非常容易動搖

無論發生什麼事，喜歡的心情始終不變，這幾乎是不可能的。

舉例來說，即使非常喜歡某位偶像，但當他做出與自己想像中不同的行為時，可能就會開始懷疑，自己對他的喜愛是否動搖了。這樣的經驗，其實經常聽人說起。

一般來說，醜聞是最典型的例子，但對有些人來說，偶像突然改變髮型、妝容，或意外得知對方有個自己無法理解的興趣，這些細微的變化，都可能成為動搖「喜歡」的契機。

再舉個例子，你有一部超愛的電影，但當你聽到別人說：「這部根本是爛片吧？」之後，你的「喜歡」也開始變得不確定了。這種情況不僅限於電影，在書籍、動漫跟音樂上也很常見。看到別人對自己喜愛的事物投以負面評價時，你自己「喜歡」的程度，似乎也開始變得黯淡無光了。

隨著年齡增長，人們對某些事物的「喜歡」可能逐漸冷卻。你小時候非常喜歡的角色，長大後卻不再覺得它有吸引力。或是青春期曾經迷戀某位音樂人，但在出了社會之後，就不再對他寫的歌詞產生共鳴。這樣的經驗，其實不少人都有過。

沒錯，「喜歡」這種情感本來就會動搖，沒有一種「喜歡」是永恆不變的。

因為人生總是在改變。人的情感會產生變化，也是很正常的事。更何況如果你喜歡的是一位活生生的人，只要是人就一定會有所變化，他們不可能永遠符合你的期待。

因此，所謂「永遠不變的喜歡」幾乎是不可能的。而且，即使「喜歡」這份情感產生動搖，也完全不需要感到沮喪，因為這是很正常的事。相反地，從未動搖的「喜歡」，或許只是一種盲目的執著，未必是真正意義上的「喜歡」。

「喜歡」本來就是一種短暫且脆弱的情感，這種特質本來就包含在其中。但這並不是需要感到悲傷的事，而是理所當然的。

讓「喜歡」留下痕跡——用文字保存你的熱愛

然而，即使那份「喜歡」產生動搖，甚至消失，如果你曾將「喜歡」的心情轉化為言語或文字，這樣的情感就會留存在你的心中。

例如，假設你的推是一位偶像，你曾經追著他的演唱會、關注他每一首新歌，度過了許多快樂的時光。但後來他的醜聞爆發了，許多人開始指責這位偶像，你也深受衝擊，漸漸地不再喜歡他了。這樣的變化，或許會讓人感到惋惜與失落。

你喜歡那位偶像時，曾經將自己的「喜歡」化為文字，寫在手機的備忘錄裡。後來，當他的醜聞爆發，經過一段時間後，你的情緒逐漸平復，於是重新打開那些記錄來回顧。然後，你會發現，雖然那份「喜歡」已經不復存在，但你的喜歡之情仍然完整地保存在那些文字之中。

當然，我並不是說，只要讀了這些記錄，你就能重新喜歡上他。但至少你能記得，自己曾經這麼熱烈地愛過。**即使現在已經不再喜歡，當時那份「喜歡」卻已經悄悄成為你的一部分，留存了下來。這樣的回憶，或許比想像中還要珍貴，不是嗎？**

當然，拍照、收藏周邊，這些也都是記錄「喜歡」的好方法。

但最能清晰保留「喜歡」這種心情的，還是非文字莫屬。

正因為「喜歡」總是那麼短暫易逝，才更該在情感鮮明時，用文字妥善封存。彷彿把它收藏進一個由語言編織而成的真空包裝裡。

有一天，或許我們終將不再抱持相同的「喜歡」。正因如此，**提早用語言記錄這份情感，才能慢慢累積，最終成為我們價值觀與人生的一部分。**

即使有人批評、即使自己改變了、即使我們所「推」的人也有所轉變——只要曾經清楚地表達過那份「喜歡」，這份情感就不會輕易動搖。

當我們能夠信任自己的「喜歡」，就能信任自己的價值觀，因為正是這些「喜歡」，構築了我們的樣子。

不斷地將「喜歡」具體化，並嘗試用言語表達出來時，也會讓我們對自己的理解更加清晰。因此，我始終相信——越是在情感濃烈的時刻，就越該用文字留下當下的心情。

說到這裡，我想起過去讀過的一本書，小說家村上春樹曾寫下這樣的一段話：

因為繼續跑的理由很少，停跑的理由則有一卡車那麼多，我們能做的，只有把那「很少的理由」——珍惜地繼續磨亮。一找到機會，就勤快而周到地繼續磨。

（摘錄自村上春樹著作《關於跑步，我說的其實是……》，時報文化出版）

我想，這和「喜歡」的本質其實是一樣的。

當我們正處於熱愛某個事物或某個人的蜜月期時，往往能輕鬆找到繼續喜歡的理由，內心也被這些「喜歡」所填滿。

但當蜜月期結束後，隨著對這個人或事物的認識越來越深，我們可能會開始疑惑：「我真的還喜歡嗎？」這樣的時刻，終究會到來。

到了這個階段，放棄「喜歡」的理由多得數不清，甚至可以堆滿整輛貨車。

但正因如此，我們更該將那些珍貴的「喜歡」具體寫下來並保存起來。**試著用文字描繪這份「喜歡」，讓當下的心情留下紀錄**。即使有一天不再喜歡，也能在回顧時想起：「啊，那時候的我，曾經這麼熱愛這個東西啊。」這樣的回憶，其實是很美好的，不是嗎？

此外，若是能將對推的感動透過文字發表在部落格或社群媒體上，還能讓不特定的讀者讀到，這也是一個很棒的優點。

或許，有人因為你分享的某段話，而開始對你的推產生興趣，甚至喜歡上他也說不定。透過文字來分享「喜歡」，不僅能讓自己的情感留下記錄，也能讓更多人加入這份熱愛的行列。

不管是為了自己，還是為了他人，「喜歡」這件事，本來就是值得記錄下來的。

智慧型手機時代，如何精準表達熱愛

寫下感受之前，自己先獨立思考

當你想表達對推的熱愛，第一步該做什麼？答案很簡單——「先不要去看別人的感想」。

換句話說，如果還沒整理自己的感受，就先看了別人的意見，最容易讓人迷失自我。

在現今資訊爆炸的時代，這點尤其需要注意！我必須強調，這是連我自己都會特別謹慎對待的問題。因為如果不刻意預防，他人的感想很容易進入我們的視野，進而影響我們的想法。

如果你的情緒還沒整理好，就先看了外界的評價，你的「喜歡」可能會變得模糊，甚至被別人的語言取代。這種情況，其實比你想的還要常見。

舉個例子，你看到一篇電影評論，寫著與你的感想截然不同的評價。

而且，文章中用了相當直接、有力的語句，讓人覺得其觀點似乎特別有說服力，也更有道理。於是，不知不覺間，你開始產生動搖，彷彿自己最初的想法就是這樣的，甚至覺得自己的感受本來就和對方一樣。

當我們的「喜歡」還處於模糊不清的階段，**若看到別人用強而有力的語言表達意見，人天生容易被這樣的語言所吸引**。

這裡話題可能有些跳躍，但歷史上的獨裁者大多擅長演講。他們善於運用強而有力的語言來打動人心，而這些話語具有一種力量，讓人產生「或許我本來就是這麼想的」的感覺，進而引發共鳴。

然而，過度依賴他人的強烈言論，可能會讓我們誤以為那些想法本來就是自己的，最終迷失真正的自我。不僅可能失去自己對「喜歡」的直覺，甚至可能讓**我們自身的語言風格都漸漸模糊起來。**

當然，我們人類本來就容易受到他人的影響。模仿他人的語言與表達方式，是我們天生就具備的特質。

但正因如此，我們更應該對抗這種影響。

就算不小心受到他人的語氣與語言習慣所影響，也要確保自己仍擁有獨立思考的空間，保有屬於自己的語言。

作為第一步，在整理自己的「喜歡」之前，請先避免去看別人的意見。

具體來說，就是「等自己寫完感想之後，再去看SNS或網路上的討論!!」

當然，還有一種可能是看了別人的評論而激發出自己的感想。比如，讀到某人提到的細節，讓你回想起：「對對對，我也很喜歡那個部分！」這樣的情況確實會發生。

但就算如此，為什麼不等自己先把感想寫完，再去看別人的呢？「我想跟大家分享這份感動！」這種衝動，確實會讓人忍不住在剛看完作品後馬上打開SNS，我自己也經常這樣。但每次這麼做時，我也會心生警惕：「這樣好危險啊。」

先寫下自己的想法，再去看別人的言論，你就能更客觀地理解：「原來，這個人是這樣想的啊。」因此，請在閱讀SNS上的感想之前，先深呼吸一下，然後拿起筆或手機，把自己的感想記錄下來。這是一個非常重要的訣竅，請一定要試試看！

培養擁抱「不確定」的能力

當你對推的感受仍處於模糊不清的狀態時，或許會感到心慌、坐立難安，甚至渴望有人能一語道破你的感受，幫你整理成具體的文字。我完全理解這種心情。

對此，日本哲學家谷川嘉浩提出了一個概念，稱為「擁抱不確定性的能力」（Negative Capability）。這個詞最早由英國詩人約翰・濟慈（John Keats）提出，指的是能夠接受不確定性、矛盾與模糊，而不急於尋找明確答案的能力。換句話說，就是學會帶著疑惑前進，而不強求立刻找出結論。

在谷川嘉浩的著作《智慧型手機時代的哲學：迷失的孤獨冒險》（暫譯，Discover 21 出版）中，詳細闡述了這一點。**而我自己也認為，在談論「推」時，擁有這種「能夠忍受模糊與不確定的能力」非常重要。**

畢竟，喜歡一個人或一件事，往往伴隨著各種矛盾與糾結。因為喜歡，所以內心自然會有一個理想的樣貌。也正因如此，對於官方的經營方式會感到困惑，對其他粉絲的言行舉止感到無奈，甚至是自己對推的情感變得複雜、難以用言語明確表達。說到底，完全沒有這種糾結的推活，或許並不多見。

但你不需要急著找到答案，也不必強行釐清，就讓這些糾結先放在心裡，慢慢消化吧。

這樣的態度，或許也是支持我推的一種方式。

畢竟，並不是所有事情都非黑即白，更不是藉由他人的言語，就能輕易定義「推」該有的樣子。只要能夠在這些糾結中摸索出自己最真實的想法，找到那些不會輕易動搖的情感，那麼你對「喜歡」的信念也會益發堅定。

學會「擁抱不確定性的能力」，才能讓自己的「喜歡」更加穩固，這也是為什麼記錄自己的感受如此重要。

不要讓別人的語言，取代你的聲音

在這個社群資訊爆炸的時代，想要完全避開他人的意見幾乎不可能。但最重要的是，擁有「不依賴他人之言」的意識。

請嘗試將自己內心的感受轉化為言語，而非過度依賴他人的表達。抱持這種心態度過每一天，將有助於培養你自己的表達能力。接下來，我會分享一些具體的技巧，但首先希望你能理解：「重點在於用自己的話來發聲，而非直接沿用他人的說法或觀念。」

不要借用別人的話，而要創造屬於自己的語言。
這樣的心態能讓你對自己的「喜歡」建立信任。

我再三強調，**用自己的語言去描述自己的「喜歡」才是最重要的，單靠別人的話毫無意義**。

我之所以反覆強調「不要用別人的話，而是用自己的語言來表達」，是因為這是一個**極其重要的核心觀念**。

因為不管是 Twitter（現稱「X」）還是部落格，這個時代的資訊流動方式，讓「符合大眾感受的表達」變得更容易廣泛傳播。過去，能夠在公眾場合發表言論的，只有少數的政治家、作家等特定人士，但現在，任何人都可以透過網路發聲，將自己的語言傳遞出去。這是網路帶來的巨大優勢，連我自己都受惠於此。

當我在網路上看到有人分享冷門書籍的讀後心得時，我也會感到十分開心。

但於此同時，我也深刻感受到這有多危險。那些不曾考慮自身影響力的人，隨意拋出的言論，會以驚人的速度擴散到各個角落。久而久之，遠離自己初衷、過於偏激強烈的言論就會開始廣為流傳。

當這些誇張的語言成為主流，若不經思考便直接拿來當成自己的話……如果在自己還未整理好真正的感受之前，就先採納了那些容易擴散的主流言論，並將其誤認為是自己的想法……說實在的，這樣的情況未免太過危險了。

當我們開始不自覺地把別人的想法當成自己的，其實這與「洗腦」沒有太大區別。這樣一想，難道不會覺得有點可怕嗎？也許你會覺得，不過是對推的感想而已，牽扯到洗腦也太誇張了。沒錯，這種說法或許有點誇張，但若能養成「先用自己的語言整理想法，再去接觸他人的言論」的習慣，確實有助於避免許多潛在的風險。

所謂的「推」，看似微不足道，實則意義深遠。

為了防止被他人的思想左右，並持續保持獨立思考，找到專屬自己的語言至關重要。

這不僅是為了防止被某種思想洗腦，更是為了讓自己能持續獨立思考。

分享感想這件事，本來就是能鍛鍊自我表達的絕佳機會，因為我們可以直接比較自己的想法和別人的觀點。即使大家看到的內容相同，但每個人的感受與詮釋卻不盡相同。透過不斷累積這樣的經驗，我們會逐漸看清自己與他人之間的界線，進而發掘屬於自己的語言，而不是單純沿用別人的表達方式。

三步驟，建立你的專屬表達方式

剛剛講了很多概念性的東西，現在要進入實戰部分了。接下來，我要說明在動筆寫感想前，應該先做哪些準備。

假設你有機會寫信給你的偶像，而且在其公演期間打算寫五封粉絲信。也就是說，你需要想出五封信的內容，但問題來了——這麼多封要怎麼寫？一開始可能覺得毫無頭緒，不知道該寫什麼。這時候，與其去看SNS上其他人的感想，不如先試試這個流程！

①列出讓你印象深刻的具體片段
②試著用文字表達自己的感受
③記錄下來以免忘記

也就是說，先找出讓自己心動的片段（①），再將自己的情感具體寫下來（②），最後記錄下來，以免事後忘記（③），依照這個順序來進行。

當然，如果你已經有想法，也可以不經過①～③的步驟，直接進入「寫作」階段，這些步驟只是幫助你更順利地整理想法。但如果能熟練掌握這三個步驟，就能大幅減少動筆時的壓力，甚至習慣成自然，變成一種直覺反應——當你看到令人心動的場景，腦中會立刻閃過①和②，然後不假思索地拿起筆記，開始完成步驟③！

以我自己為例，我每次在看其他人的感想之前，都會先完成①～③的流程，然後才去瀏覽SNS。至於之後要不要正式寫成一篇完整的文章，則視情況而定。但至少，在開始看別人的意見之前，我習慣先完成「寫作前的所有準備」。

比方說，我身為一位書評，在遇到一本有趣的書，或是看了一場自己喜歡的寶塚公演，又或者看了一部喜歡的電影或漫畫時……我一定會先走完①～③這個流程，然後把初步的感想寫在日記或Twitter上（至於後來會不會整理成正式的文章或專欄，則是另一回事）。

這個流程最大的好處是，當你某天突然覺得「好想寫篇文章來談談●●！」或「應該給●●寫封粉絲信！」時，完全不用從零開始構思。因為之前的筆記還在，只要回頭翻閱，就能輕鬆進入寫作狀態，真的省事很多！

言語化，就是細分化的過程

具體列出讓你心動的瞬間

接下來將會詳細說明先前提到的①～③步驟。

其實，這個過程就是在拆解自己的感受，例如：「是哪個部分讓我感動？」「哪一幕特別有趣？」「為什麼這個場景讓我感到困惑？」「這種違和感從何而來？」等等。我們的目標，就是更細膩地理解自己的情緒。

這裡有一個關鍵重點。

許多人認為，「要將感受轉化為文字，首先需要擁有豐富的詞彙量」。我們也經常聽到這樣的建議：「多閱讀，多累積詞彙。」然而，當我們想表達我推的魅力時，真正重要的並非詞彙量，而是「細分化」的能力。

細分化，亦即能否清楚表達感受，而關鍵就在於能不能將想說的話，細膩地拆解為具體的細節。

舉例來說，假設你剛看完偶像的演唱會，覺得「超棒的！這場演唱會真的很精彩！」——你想要把這份感動具體轉化成文字時，第一步就是回想「自己是因為哪個部分而感動？」這裡可以先用條列式的方式整理，例如：

具體例

- 第一首歌是《●●》
- 在●●MC環節時，我推說了「●●」
- ●●的舞蹈明顯進步了
- ●●的服裝造型超好看

這時候，你可以順便寫下「自己的感受」，但不需要強迫自己馬上寫出完整的感想，重點是先把讓你心動的瞬間具體列出來。

你可以列舉出「喜歡」、「很棒」、「感動」的地方，也可以記下「討厭」、「感覺不太對勁」、「不是很喜歡」的部分。即使整體來說是一場超棒的演唱會，通常也會有一些讓人覺得不太對勁也不太滿意的地方……對吧？雖然沒有必要刻意去找缺點，但如果有讓你困惑或無法完全投入的地方，寫下來也會對你後續整理感想有所幫助。

列舉具體細節的訣竅

前面舉的例子是「演唱會」，但如果是其他類型的作品，例如小說、電影、動畫、舞台劇等，也可以參考以下方向：

◎虛構作品（小說、電影、漫畫、舞台劇等）

- 喜歡／不喜歡的角色

・印象深刻的台詞
・特別感動的場景
・出乎意料的劇情發展
・無法完全理解的角色內心情感

◎活動（演唱會、音樂會等各類演出）

・自己最有共鳴的歌詞
・精彩的橋段／曲目
・舞台設計中最凸出的部分
・令人驚豔的服裝造型
・表現特別出色的人

◎人物（偶像、演員、音樂人、搞笑藝人等）

・讓你深感佩服的言行舉止

- 開始喜歡這個人的契機
- 至今看過最棒的現場表現
- 最喜歡的髮型或穿搭
- 讓你感到高興的工作企畫

這些只是舉例，實際上，我會這樣具體地做筆記。而究竟該記錄多少具體例子、要整理到多詳細，說穿了，其實取決於你願不願意當「記錄狂」的程度。

順帶一提，我自己就是個標準的記錄狂，喜歡記下大量的細節。不過，如果你平常不習慣做筆記，也不需要有「必須把所有感動點都記下來！」的壓力。與其覺得負擔太大，不如從最簡單的開始——哪怕只是一個小細節，也請務必具體寫下來。這才是最重要的！

另外，記錄時請誠實面對自己的感受。不需要勉強只寫下「優點」，如果有讓你「覺得違和、不太理想」的部分，也可以一起記錄下來。這樣一來，你就能更深入地整理、理解自己的真實感受。

最重要的是，不要欺騙自己，記錄時也不要覺得有壓力。保持愉快的心情，在自己能接受的範圍內，具體寫下那些讓你內心有所觸動的地方。這才是關鍵！

將感動細分化的理由

在列出讓你心動的細節時，有一個需要特別注意的地方——務必要「細分化」。

這裡的「細分化」，並不是要你寫越多越好，而是指與其籠統地總結，不如針對更具體、細微的地方去描寫。

為什麼「細分化」這麼重要呢？

因為，**感想的獨特性，就隱藏在這些「細節」當中**。

舉例來說，當你想寫一篇演唱會的感想，卻發現自己只擠得出一句「真的超棒！」這時，如果能夠進一步思考：「是哪個部分讓我特別激動？」「為什麼這句歌詞特別打動我？」「哪個舞台設計最讓我印象深刻？」只要能夠拆解「超棒」

的具體細節，即使沒有華麗的詞藻，你的感想依然會擁有只屬於你的觀點與風格。這就是「細分化」的力量！

當你能夠明確指出「哪裡讓你心動」，你的感想就會更有個人特色，真正屬於你自己。

越詳細的事例，就越容易形成與他人不同的感想。當然，你不需要刻意追求與眾不同，但能寫出帶有個人特色的感想，不是更有獨特的價值嗎？也正是因為這樣，我總是很喜歡閱讀那些詳列出許多細節的心得文。

沒錯，所謂的「表達」（言語化），其實就是「拆解細節」（細分化）。不只是感想，所有表達的關鍵，都是拆解細節。一般來說，提到「表達」，人們容易聯想到單純的轉述或換句話說，但實際上並非如此。**真正的表達，是將一件事的「哪個部分」、「為什麼」讓你有所感受，細細拆解，再用適當的詞彙將這些細節具體描述出來的過程。**

只能說「我推最棒！」讓我很困擾

⇒ 不是單純換個詞來說「我推●●」，
而是…………

⇒ **詳細拆解出「我推哪裡最棒」！**

（例）

我推的「那句台詞」
讓我心有戚戚焉

我推的「服裝造型」
很有品味

我推的
「這個編舞動作」
帥氣十足

「表達」的關鍵，在於「拆解細節」！

情感的表達，其實有模式可循

記錄自己產生的情感

先前提到的「①列出讓你印象深刻的具體片段」，你已經確認了「哪個部分」**讓你內心受到觸動**。

接下來要做的，就是「②試著用文字表達自己的感受」，記錄自己產生的情緒。如果可以的話，還要**進一步思考「為什麼」會產生這種情感**。

換句話說，①先列出具體的例子（哪個部分）②再說明自己產生的情緒（什麼感覺＋為什麼會這樣覺得），這樣一來，就能將感動的瞬間，以「①WHERE（哪裡）＋②HOW（怎麼感受到）＋③WHY（為什麼有此感受）」的方式具體表達出來。

首先，針對①列舉出來的內容，逐一記錄自己的感受。例如，假設在①中你列出了「●●」這句台詞，那麼接下來要做的，就是寫下這句台詞給你的具體印象。將①提到的所有部分，都逐一寫下你的感想。

重點在於，聚焦於當時聽到那句台詞或看到那個場景時，自己內心的感受，並將這些情緒記錄下來。

思考「爲什麼」會產生這種感受

接下來，請進一步思考：「為什麼我會有這樣的感受？」如果一時之間想不出原因，可以試著從以下三個方向來找線索。

首先，這裡先說明「為什麼會有正面情感」的原因。至於「為什麼會產生負面情感」，我們稍後再談，請先耐心等一下。

◎思考「為什麼會有正面情感」的三個方法：

①尋找與個人經歷的共同點

試著回想，這是否與自己曾經的某段經歷相似？當時的自己是否也有過相同的感受，而這部作品恰好也展現了那種情緒？這個方法特別適合用來分析小說、電影、戲劇等虛構作品的感受。

②尋找與個人喜好的共同點

如果這部作品或某個橋段讓你特別有共鳴，或許它與你原本喜歡的東西有些相似之處。即使是完全不同的類型，也可能有內在的共通點。如果你能發現這些細微的相似性，並將它們具體描述出來，那麼你的觀點將會更具個人特色。

③思考哪些地方具有新意

如果一部作品能讓你發出「哇，這真的太棒了！」的讚嘆，很可能是因為它帶來了某種**「新鮮感」**。這可能是你過去沒有看過的呈現方式，或者是以往作品中少見的元素，所以格外吸引人。

試著將這些新鮮之處具體寫下來，思考「這次的作品與過去相比，有什麼不同？」並用文字表達出來。

我自己在寫感想時，也會透過這三個方法來整理思緒，幫助自己更清楚地理解「為什麼我會覺得這部作品很棒」。

有趣的作品，來自「共感」或「驚喜」

日本當代最具影響力的短歌詩人穗村弘在短歌解說書《短歌的朋友》（短歌の友人，暫譯，河出書房新社出版）中提到：

「當我們覺得一首短歌很棒時，通常是因為它帶來了『共感』或『驚喜』這兩種感受。」「共感」，**是指當我們看到某個體驗或情感被精準地用語言表達出來時，所感受到的那種快感**。以短歌為例，如果一首短歌完美地捕捉了某個讓人忍不住想說「對！就是這種感覺！」的瞬間，這種被道出心聲的愉悅感，就是

「共感」。

不過，這裡所說的「共感」，並不僅限於「我曾經有過相同的經歷」。更廣義來說，還包含了「我也喜歡這類事物」這種建立在相似興趣與喜好的共鳴感。

另一方面，「驚喜」則是當我們遇見前所未見的嶄新手法時所產生的快感。「原來還可以這樣表現？」「竟然會這麼呈現？」這種意料之外的衝擊帶來的感動，就像觀看魔術表演時的驚奇感。

關於這點，穗村弘在他的短歌評論集《短歌的朋友》中有類似的論述。不過，這種分類並不僅限於短歌，而是適用於所有創作領域。從本質上來說，所有作品帶來的樂趣，都可以歸納為「共感」或「驚喜」這兩大類。

這個概念同樣適用於我們對「推」的感動。如果你發現自己因某個表演、作品或發言而深受觸動，不妨試著思考，那份感動究竟來自於「共感」，還是來自於「驚喜」？

相同的喜好，來自於相同的養分

通常，與我們擁有相似興趣愛好的人，他們的喜好來源也往往相近。

所謂的「喜好來源」，可以是自己學生時代喜歡的樂團、愛看的電視節目、訂閱的漫畫雜誌、看過的電影、讀過的書，甚至是老師說過的話、父母責罵的內容，或者曾經討厭的同學等等。

這些經歷塑造了我們的審美與價值觀，成為判斷「這個很棒！」或「這個不行……」的標準。因此，當我們發現某個作品或偶像讓自己心動時，往往是因為與我們過去喜歡的事物擁有某種共通之處。

熱門作品之所以能大受歡迎，很可能是因為其「喜好來源」與許多人重疊，無形中喚起了大眾的情感共鳴。

也就是說，你現在喜歡的事物，很可能是過去你所熱愛的東西的延續。這種情感上的「元祖」概念，讓你在欣賞某個作品或舞台時，不由自主地感到：「啊！

這就是我喜歡的類型！」這種內在的共鳴，正是讓我們深受感動的關鍵。

因此，試著回溯自己的「喜好來源」，不僅能幫助你更理解自己的品味，也能讓你的感想更加具體、生動，進而深化你的書寫表達能力。

感受具體化爲言語的三個技巧

「將感想用言語表達」指的是思考自己為何會有這樣的感受，並試圖找出背後的原因。換句話說，就是試著溯源——這份感動來自哪裡？這份情緒的根源又是什麼？帶著這種探索的心態來思考，就能更清楚地表達自己的感受。

◎將正面情緒化為言語的思考流程：

（1）判斷這份感動屬於「共感」還是「驚喜」：

「共感」是當我們對某人的經歷或情感有所共鳴時，而產生的一種情感上的認同或理解；「驚奇」則指體驗到前所未有的意外表現。

（2）如果是「共感」：

①尋找與個人經歷有何共同點

②是否與個人喜好有共同點

如果是「驚奇」：

③思考哪些地方具有新意

當我們對某件事物產生強烈的正面感受時，不妨按照（1）與（2）的步驟去拆解，這樣一來，便能更順利地將感受化作言語。

當然，要能夠順利運用這個方法，最重要的是累積更多「參照點」。讀的書越多，就更容易察覺：「啊，這部小說和那部小說有相似之處。」聽的音樂越多，就能理解：「這首歌的某個編曲手法帶有新的元素。」看過的演唱會越多，對該類型越熟悉的人，越能驚喜地發現：「哇，這種風格的偶像我從來沒看過！」這就是為什麼**當我們累積的「參照點」變多，感想的表達也會更加順暢**。

另一方面，初次接觸某個類型時，內心湧現「這種感動竟然無法用言語形容!?」的悸動感，也是人生的一大樂趣。

年少時的感動之所以那麼鮮明，或許是因為我們的情感尚未完整地「用言語表達出來」，對於這個世界仍充滿未知，因此能夠頻繁地感受到「驚喜」所帶來的震撼。

隨著年齡增長，我們對事物的感受方式也會逐漸改變，這與我們所累積的「參照點」數量息息相關。既然如此，無論是還在拓展視野的年輕人，還是已有豐富經驗的大人，都應該以最能享受當下的方式，去珍惜自己熱愛的事物。

負面情緒的表達，比想像中更困難

表達負面感受的技巧

到目前為止，我們已經討論過「如何具體表達正向情緒」。作為這部分的延伸，現在來談談「當你有負面感受時」該如何具體表達。負面感受的表達，可能是「總覺得哪裡怪怪的，說不上來的違和感」、「有點不舒服」、「不知道為什麼，反正就是無法接受」之類的情緒反應。

而這種負面感受，其實比表達正面感受更困難。

講壞話就是這樣吧？

如果只是在別人吐槽的話題上順勢附和，那再簡單不過了。

但如果要清楚說出「為什麼我真的無法接受」，而不是單純跟風討厭，那就不容易了。要準確表達自己覺得違和的地方，而不是單純沿用別人的詞彙，並不簡單。

為什麼這麼難呢？**因為我們的負面情緒，往往與自身的自卑感、個人經歷，甚至內心的某些陰影有關。**

前面討論正面感受時，我們提到：「所有的喜好都有其源頭。」同樣的，負面感受也不例外——所有的厭惡，都有其成因。

也就是說，當我們想要具體表達負面情緒時，就必須深入挖掘內心，找出讓自己產生反感的根源。

還記得我們整理的「如何具體表達正面情緒的三個要點」嗎？

①（共感時）**尋找與自身經歷的共同點**

②（共感時）**尋找與個人喜好的共同點**

③（驚奇時）思考「新鮮的地方」在哪裡

現在把這套方式應用到負面感受上：

①找出與自己過去（不快）經歷的共同點

②找出這種感受與自己（過去）在討厭事物上的共同點

③思考哪些地方過於普通，缺乏新意

當你產生負面感受時，試著從這三個角度切入，說不定能更清楚地理解自己為什麼會討厭某個人事物。

負面感受＝「不快或無趣」

首先，當你產生負面感受時，請先判斷這種感覺是「不快／不舒服」，還是「無聊／乏味」？

「不快」指的是讓人內心不安、煩躁，產生厭惡感、心情沉重，甚至感到胸口悶悶的，帶有強烈負面情緒的感受。這是一種極端偏向負面的違和感。

另一方面，「無聊」則是因為內容平淡無奇，沒有新意，讓人提不起興趣、缺乏刺激，而感到索然無味。這與「不快」不同，它不是讓人情緒波動，而是讓人對缺乏變化感到失望。

如果說正向的感受可以分為「共感」與「驚喜」，那麼負面的感受則可以分為「不快」或「無聊」。是因為某個點讓你感到不適，還是整體缺乏新意、讓人提不起勁？先釐清這點，就能更準確地表達你的感受。

尋找「不快」的原因

當你確認自己的感受屬於「不快」，即「某些人事物讓你明顯感到不悅」，這時可以試著從以下兩個角度思考：

①找出與自己過去（不快）經歷的共同點

②找出這種感受與自己（過去）在討厭事物上的共同點

就像「喜歡的事物有其來源」，「討厭的事物」同樣也有根源。因為負面情緒不可能無緣無故產生──**「這讓我感到極度不適！太糟了～！」的瞬間，一定有某種過去的經驗在作祟**。

如果你感到「不快」，而這種感受的來源是某個虛構角色或某段故事情節，那麼，這可能與你現實的經驗有所關聯。又或者，讓你感到不適的原因是角色的服裝顏色、劇情的結局等，這可能與你一直很討厭的事物有相似之處。你可以試著思考：「啊，原來我對這種類型的設定很反感啊。」透過這樣的方式，整理出讓自己「討厭的共通點」，並將其轉化為具體的表達。

順帶一提，我自己最無法接受的戲碼就是「你要選擇拯救世界，還是拯救心愛之人!!」每次看到這種劇情，我的內心就會忍不住「啊，受不了……」然後產生強烈的抗拒感。而我會對這類情節產生負面情緒，是因為「主角對許多事情都顯得毫無自覺，卻仍被（劇情）合理化」，而我很難接受這種設定。

畢竟「世界」與「愛人」的選擇，應該牽涉到更深遠的影響，但主角往往沒有試圖真正理解其中的複雜之處，這種「對周遭事物毫無自覺的態度」讓我無法接受……所以，每當我看到這樣的劇情，就會本能地覺得：「啊，這種設定真讓人難受……」

當我意識到自己討厭的核心原因是「缺乏自覺」，我便會進一步發現：「對耶，我對某些角色也是因為這種特質而感到厭煩。」然後，就這樣一路回推，最後連自己在現實中的種種不愉快經驗也會一一浮現……

這種過程，說實話，真的很麻煩。

相較於「喜歡」，其實要表達「討厭」更為困難。

找出覺得無聊的原因

如果你的負面感受來自「無聊」，也就是說，並不是某個特定場景讓你反感，或某個角色讓你不喜歡，甚至也不是因為服裝設計讓你覺得不妥，而是整體缺乏驚喜，讓你感受不到任何有趣的地方。這種時候，你應該試著思考：「到底是哪個部分讓我覺得千篇一律？」

這裡最重要的是要說得清楚明白，**不要只是籠統地下結論「這部作品很無聊」，而是進一步拆解，究竟是哪個環節讓你覺得枯燥？**

如果是故事內容，可能是角色設定太過普通，結局發展完全在預料之中，或是台詞平淡無奇。如果是某個人，則要思考是哪個特質讓你覺得乏味、不吸引人？

「整體很無聊」這種評語誰都能講，但如果你能進一步分析「到底哪裡沒新意」，你的感想就會更有深度，也更能展現你有獨特的觀點。

不管是正面還是負面的感受，學會拆解細節，才能真正說清楚自己的想法，這正是讓評論更有說服力的關鍵。

不要迎合「主流標準」！

在寫負面感想時，最需要注意的一點，就是千萬不要用主流的標準來評斷，而是專注於自己究竟為什麼會產生不滿或不喜歡的情緒。

如果你開始覺得「這裡應該『所有人』都覺得不好吧？」並以這樣的角度去寫評論，那麼感想很容易流於表面，甚至變得模糊不清。與其假設所有人都會有相同的想法，不如先深入探究自己為何會有這樣的感受。

即使你希望寫一篇針對大眾的評論，也應該先梳理清楚自己的觀點，把真正影響你的關鍵點整理出來，然後再按照本書第五章介紹的方法，進一步調整成適合分享給更多人的內容。**重點不是去迎合多數人的想法，而是先建立起屬於自己的觀點。這樣，才能寫出真正有價值的感想。**

無論是正面還是負面的感想，最重要的都是忠實表達自己的感受。但相較之下，負面感想更容易陷入「這應該是大家的共識吧？」的思考模式。因為我們本能上會覺得：「應該不只我一個人這樣想吧！」這種心理或許來自人類不想與群體脫節的天性。

然而，我仍然堅持應該先把自己的感受整理清楚。因為如果無法明確區分「這是我自己的觀點」，那麼你很容易混淆「自己的感想」和「他人的意見」，甚至最後不知道自己真正的想法是什麼。

為了避免這種狀況，請在閱讀他人意見之前，先記錄自己的感受。而表達負面感想的流程整理如下：

◎整理負面情緒的步驟：

（1）思考這份感受來自「不快」（明顯的厭惡感），還是「無聊」（感覺太普通或平淡無奇）

（2）如果是「不快」：

①找出這種感受是否與自己過去的某段負面經歷有相似之處

②思考這是否與自己過去就已經討厭的某種風格、類型有關

如果是「無聊」：

③仔細分析，究竟是哪個部分顯得太過普通、缺乏新意

信手寫下筆記的樂趣，孤獨卻自由

設定記錄分量的規則

到目前為止，我們已經探討了「細分心動的要素的要素→釐清感受與其成因」的過程。接下來是這個流程的最後一步——把它們記錄下來。

這也是「在真正寫下感想前，必備三大步驟」的最後一環。

◎撰寫感想前必要的步驟：

①列出讓你印象深刻的具體片段

②試著用文字表達自己的感受

③記錄下來以免忘記

這裡格外重要的一點在於，要先寫下自己的想法，再去瀏覽社群媒體上的感想文。

一開始，你可能會覺得有些不適應：「我就是想立刻上網搜尋感想啊!?」但久而久之、習慣之後就會發現其實並不難克服。試試看吧！

不過，或許有人會覺得：「只是看個社群，還要把所有感受的原因都記錄下來嗎？這也太麻煩了吧！」沒錯，鉅細靡遺地記錄下來頗有難度，因此我建議各位為自己訂立一套規則，例如以下方式：

具體例

- 所有想寫成感想的元素，都先簡單記下來。
- 深入剖析感受的部分，每次只挑選一個來探究原因。

你可以先用條列式的方式，**快速寫下所有讓你印象深刻的細節**（步驟①），之後再回頭檢視：「哪個部分最讓我在意？」並選擇一個重點來深入分析（步驟②）。這樣不僅能降低筆記的負擔，也能確保自己不會遺漏重要的感受！

或者，你也可以這樣思考來決定筆記範圍，例如：「我想寫五封粉絲信來談談這次演出，所以至少要記錄五個關鍵細節，至於深入分析的部分，就留到真正寫信時再來整理。」「這部漫畫我打算寫篇部落格文章，那就只針對這個角色的感想進行深入探討，其餘部分就不特別細寫。」

各位可以根據自己希望寫出的篇幅，來決定要記錄多少內容。

建立「私人記錄空間」

記錄感想時，最推薦的方法就是寫在「只有自己看得到的地方」！

當然，也可以把社群媒體當成筆記工具，但這樣一來，可能會對引起負面感受或違和感有所顧忌，而不敢寫得太直接。此外，當感想是公開可見時，難免會在意措辭，甚至開始考慮：「別人看到這段話之後，會怎麼想呢？」這樣一來，反而會難以找到真正屬於自己的表達方式。

我自己會使用「非公開的部落格」當作日記，毫無顧忌地寫下各種感想。當然，也可以用手機來做筆記，或者直接手寫在筆記本裡。重點是，選擇一個只有自己看得到、不會受到外界干擾的地方來記錄。

不過，這並不代表你得完全排斥社群媒體。把感想隨手發在SNS上，和同好分享討論，也是一種樂趣。關鍵在於找到適合自己的平衡點。個人推薦至少嘗試一次「只寫給自己看的筆記」，應該會發現意外的好處。

唯自己可見，記錄你的推

同樣是言語，可以分成兩種：「只有自己看的話」和「寫給別人看的話」。這兩者之間，往往有很大的差異。

當一段文字是要給別人看的，我們會不自覺地迎合外界的標準，選擇那些「聽起來比較受歡迎」的表達方式。尤其在這個社群媒體當道的時代，**「按讚數」是可見的，發表出去的言語能輕易傳播到各個角落，這讓人更容易不知不覺地偏好大眾接受度較高的表達方式。**人類的天性本就如此，沒什麼好責怪的，這正是我們作為群體動物、與生俱來的社會性使然。

但正因如此，在這樣的環境下，要寫出與眾不同的感想，確實需要一些勇氣。只是，為了記錄自己的想法，真的需要這份勇氣嗎？並不需要。這就是為什麼把自己的感想寫在「只有自己能看的地方」，才是最輕鬆自在的方式。

至於公開發表的文字，則能以這些私密筆記為基礎再進一步整理，這個部分會在後面的章節詳細說明。

所以，先從「自己寫，自己看」開始吧！寫下只屬於自己的筆記，才是創造出真正個人風格感想的第一步。

在這個價值觀不斷被社群影響的時代，我們無形中會不斷調整自己的想法來與他人保持一致。這樣的調整當然無可厚非，但如果過頭了，可能就會變成分不清哪些感受是真正屬於自己的，甚至受到別人的影響而不自知。為了避免這樣的情況，最好的方法，就是先從「寫下自己的話」開始。

獨自記錄自己對推的感想，是「建立屬於自己語言」的簡單入門方式。

當這些筆記越來越多，你會發現，屬於你的語言風格也逐漸形成了。這何嘗不是自由又充滿樂趣的過程呢？

你所寫下的原創感想，不僅能讓你更堅定地信任自己的推，也會影響你的價值觀，最終塑造出屬於自己的人生。

這樣的追星方式，也許會帶來意想不到的樂趣。

試著獨自寫下對推的感想吧，這樣的記錄方式，其實還不錯喔！

第3章

讓你的推發光！用說話傳遞魅力

縮短資訊落差，讓你的推更具吸引力

談論我推，其實沒那麼容易

我們總會有想談論推的時候，對吧？

比如，在 Twitter 上發表演唱會的感想、和朋友在餐廳熱烈討論剛看完的舞台劇，或是忍不住想跟完全不熟悉這領域的家人狂講今天剛看的電影……

這樣的時刻，你一定有過吧。

其實，我自己也常這樣。每當看到讓人心動的作品時，就會忍不住想把這份感動化為語言，迫不及待地想跟誰分享自己的感受。

但是……談論自己的推，其實沒那麼簡單。

即使是同樣喜歡這個領域的朋友，當你說：「欸欸，那個超棒的吧！」心裡還是忍不住會想：「對方真的會認同我的看法嗎？」「我會不會說了讓對方不太喜歡的意見？」甚至擔心：「如果一直講我自己喜歡的部分，對方會不會覺得無聊？」

如果對方完全不認識你的推，當你懷抱著「一定要讓對方了解我的推！我一定要成功拉他入坑！」的心情開始介紹時，可能會發現——自己用了太多圈內人才懂的專有名詞，對方根本聽不懂，最後好像還是沒辦法真正傳達推的魅力；對方也可能直接這樣問：「你到底喜歡他哪裡？是因為長相符合你的理想型？」這時候，你只能在心裡大喊：「才不是這樣啊～！」

不管是面對同好，還是完全不熟悉推的人，要順利表達自己的「喜歡」，其實比想像中還難。即使如此，我們還是不免想談論自己的推。因為我們的生活，離不開喜歡的人事物。我們希望與人分享這份喜愛，甚至想將這份感動轉化為語言，好好記錄下來。

文字語言能夠保存我們所珍愛的情感、景色與存在，即使有一天它們消失，**我們仍然能夠透過語言將它們取出，細細品味。**能夠真正保存你內心情感的，唯有你親自說出的話語。

那麼，既然如此——別猶豫，輕鬆愉快地談論你的推吧！

本章將帶你了解，如何用最有效的方式來談論推。

先確認推的知名度，話題會更順暢

「聊推」這件事，其實有很多不同的方式。

可以和朋友討論、在直播或影片中對陌生人介紹，或者在社群媒體上發表短文，方法百百種。

在此將聚焦於「面對面交流」這種形式，也就是如何向家人、朋友、另一半等不同對象介紹你推的對象。

而最重要的第一步，就是**確認對方對你喜歡的人事物認識到何種程度，以及對這個主題的態度**。不管是宣傳也好、單純聊天也好，了解對方對這個話題的熟悉度，絕對是關鍵！

至於對方認識到什麼程度？是曾經在電視上看過幾次、對這個名字稍有印象？還是根本完全沒聽過？又或者，那人對這個人或作品已有某種既定印象？

如果對方也是同好，那麼他們是剛入坑的新粉，還是已經關注很久的資深粉絲？又是怎麼看待這個人／這部作品的？對方喜歡的方式、支持的角度，和自己有什麼不同？在開始聊推之前，先掌握這些資訊，才能讓自己的分享更有效率，也更容易讓對方產生興趣。

掌握資訊落差，讓對話更自然

所謂的「表達」，其實是從掌握自己與對方之間的距離開始的。

這不僅限於談論推的場合，無論是面試、簡報、YouTube 影片、演講，甚至任何形式的資訊傳遞，都是相同的道理。

當我們試圖將某個資訊傳達給對方，也就是進行「表達」時，首要任務就是先掌握彼此之間的距離。

那麼，這裡所說的「距離」究竟是什麼呢？

亦即「自己與對方對於這個資訊理解的程度相差多少？」這件事。

別誤會，這裡所說的「距離」，並非指彼此的關係親疏，而是指「對於要傳達的資訊，自己與對方之間理解程度的差異」。

這樣的說法可能有點抽象，我來舉個具體的例子。

假設你想跟別人推薦一家喜歡的餐廳。

我個人很愛香菜，所以想分享一間「大量使用香菜的美味泰式餐廳」，這時，首先要判斷對方與自己之間的「距離＝資訊落差」。

①如果對方討厭香菜：

這時你如果直接說：「這家泰式餐廳的香菜超讚！」對方很可能會馬上回：「欸，我超討厭香菜！那種東西哪裡好吃了？」

但如果事先知道對方不愛香菜，就可以這樣開場：「欸，你是不是不喜歡香菜？但你知道我超愛香菜吧？前幾天我發現了一家超讚的泰式餐廳，雖然我知道你大概不會去，但還是想分享一下！」這樣的開場，對方會比較能接受，聽起來也比較順耳。

即使談論的是對方不喜歡的東西，要是能先表達「我知道你不喜歡，但還是想分享」，對方就會比較願意聽下去。

②如果對方是外國朋友、從來沒有吃過香菜：

這時應先提供一些背景資訊，比如：「大概從某個時候開始，香菜在日本年輕人之間突然流行起來，現在很多餐廳都會提供香菜料理。我最近去了一家泰式餐廳，真的很好吃！」也就是說，先提供對方所需的基礎知識，再切入話題，這樣比較容易讓人理解你要分享的內容。

③如果對方比我更喜歡香菜：

這時可以這樣帶入話題：「欸，某某，我記得你不是也很愛香菜嗎？那你聽過這家店嗎？」以詢問的方式開頭，話題就能自然展開，交流也會更快速順暢。

當然，這種「根據對象來調整對話」的方式，其實大家在日常對話中早已下意識地在用了。同理可證，不論是做簡報、發表意見，或是談論推，也應該採取相同的方式。「表達」時，能否針對對象做出適當的調整，將大幅影響訊息傳達效果的好壞。

而在開始表達之前，最重要的是先掌握對方的立場。

「對方對這個話題的了解程度如何？」「對方對這件事抱持什麼樣的印象？」

搞清楚這兩點，就是有效溝通的關鍵。

資訊落差，決定溝通成敗

在表達過程中非常關鍵的一點，就是意識到「距離」，也就是「自己與對方的資訊落差有多大？」換句話說，重點並不只是「對方知道多少」，而是「對方與自己之間的資訊差距有多大」。因為所謂的「傳達」，本質上就是在填補這個資訊落差。

這點聽起來理所當然，畢竟，如果彼此擁有的資訊完全相同，根本不需要特別多說什麼。

但正因如此，這也是非常重要的觀念。你的表達之所以有價值，**正是因為你的資訊與對方的資訊不完全相同，對方還有「不知道的部分」，這才讓你的話語產生意義**。

說到「資訊」，可能會讓人聯想到冷冰冰的數據，但其實資訊涵蓋的範圍非常廣泛。從「這部作品讓我好感動」，到「我肚子餓了」、「好想睡覺」，這些都是資訊。而關鍵在於，對方對於這些資訊需求的程度。接著，對方對於「你肚子餓了」這件事感興趣的程度，才是決定他們對這項資訊抱持何種態度的關鍵。

如果你想談論自己的推，那麼首先要了解，對方「相較於自己」對推的認識有多少？又或者，對方「相較於自己」對推抱持著什麼樣的感受？先掌握這些資訊，才能讓交流更順暢。

先搭好橋，讓對方走近你的推

在開始談論你的推之前，首先要確認以下兩點：

- **對方對推的了解程度有多少？**
- **對方對推有什麼印象？**

一旦你掌握了對方的狀況，下一步就是「填補資訊落差」。這可能會讓人疑惑：「填補資訊落差是什麼意思？」接下來就來具體說明。

當你有「想傳達的事情」，並且希望對方能夠理解時，必須經過兩個階段：

① 填補你與對方之間的資訊落差
② 表達你真正想表達的內容

現在你有一件「想傳達給對方的事情」，舉例來說，假設你想要向某人分享：「我家偶像的演唱會真的超棒！」但對方對你的推並不熟悉，這時該怎麼讓對方感受到這場演唱會很精彩呢？

關鍵在於，分成兩個階段來表達：

階段①：向對方介紹基本資訊，例如「推的背景經歷、是什麼樣的人，以及平常會進行什麼樣的演出」等等

階段②：具體說明「今天這場演唱會的哪個部分特別讓人驚艷（跟平常不一樣的地方）？」

如果直接跳過階段①，對方很可能聽得一頭霧水，完全無法理解你的激動，結果就是對話變成一場獨角戲。

當然，也有一種方式是「完全不解釋背景，直接興奮地和對方分享感想」，這種充滿熱情的講述方式也自有魅力。例如，所謂的「御宅族超高速講話」之所以有趣，就是因為它完全忽略了階段①，直接進入階段②，讓人覺得「哇！這人真的超愛他的推！」這種不按牌理出牌的表達方式，本身就是一種特色。

但如果希望這種方式奏效，階段②的內容就必須夠有吸引力，或者是對方本來就對你的推有一定了解，資訊落差並不大，這樣即使直接進入主題，對方也能跟上你的節奏。

然而，絕大多數情況下，你和對方之間還是有著資訊落差。因此，最理想的做法，還是要先有意識地補上階段①的資訊，讓對方能夠跟上你的分享。

可以將這個過程想像成一張圖表（參左頁），你的資訊量在一個較高的位置，而對方的資訊量比較低，你需要先把對方的理解程度提升到你的水準，然後再進一步帶領對方進入你真正想分享的核心內容。

首先，請意識到自己與對方之間的資訊落差。

通常來說，每個人接觸過的內容、累積的經驗都不同。面對這樣的對象，你該怎麼做，才能讓他們真正理解你想傳達的重點？這正是我們要努力的方向。

三招縮短資訊落差，讓對方秒懂你的推

當我們在階段①「縮短資訊落差」時，可以採取不同的策略。以下列舉出三種常見的方式：

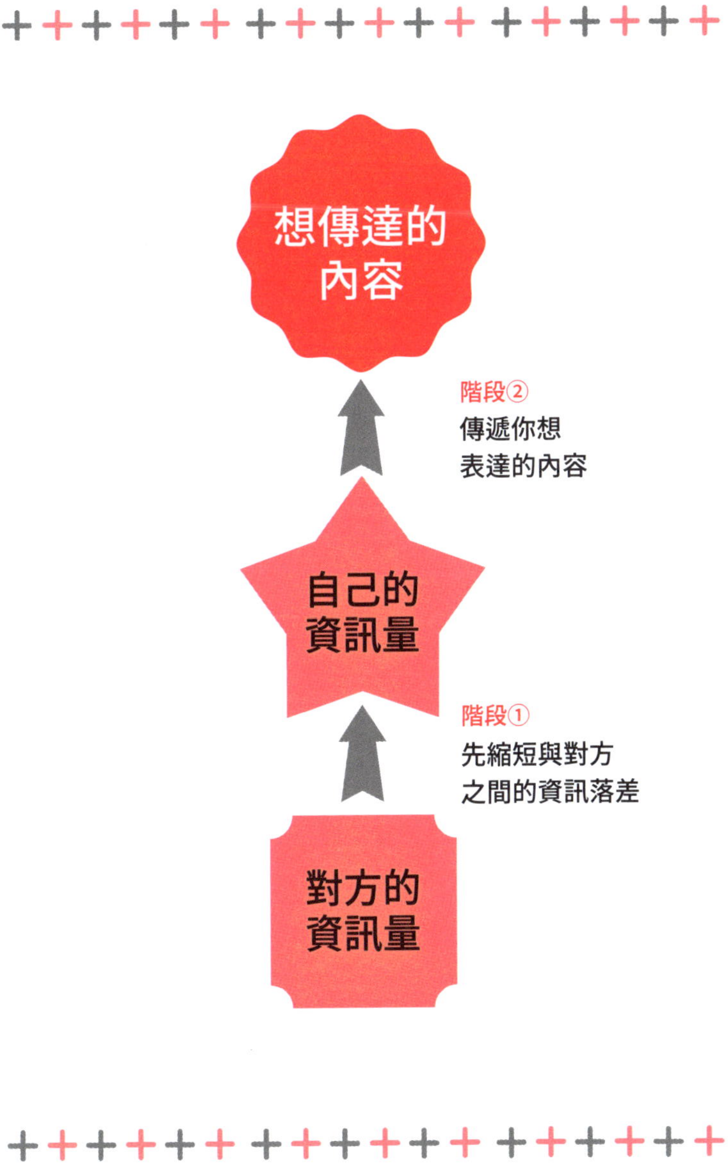
想傳達的
內容
階段②
傳遞你想
表達的內容
自己的
資訊量
階段①
先縮短與對方
之間的資訊落差
對方的
資訊量

成功傳達訊息的步驟

①「補充對方不知道的資訊」

當你和對方對推的熟悉程度不同時，可能需要補充一些基礎知識或前提資訊，幫助對方理解你想談的內容。例如：

具體例

- 「其實，寶塚歌劇團中有所謂的『首席娘役』（即首席女主角）……」
- 「我支持的是養樂多燕子隊，至於他們的主場是哪裡呢……」
- 「簡單介紹一下我上次看的電影，劇情大概是……」

但在補充資訊時，有一個需要特別注意的重點：資訊量的拿捏。

如果階段①提供過多資訊，對方可能會感到疲憊，在還沒進入階段②的核心話題前就失去興趣了。畢竟，若對方對這部電影本來就不感興趣，你又花了太多時間講解劇情，只會讓對方禮貌性地回應：「哦……原來有這部電影啊？」然後對話就結束了。

反過來說，如果基礎資訊太少，進入階段②後，對方可能會聽不懂你在說什麼，導致話題無法順利發展。因此，資訊量的拿捏是關鍵。

那該怎麼做呢？

要讓對方理解階段②的內容，重點是在階段①只提供真正必要的資訊。

換句話說，你要先逆向思考，想想對方在階段①需要先知道哪些資訊，才能理解你後面要說的內容。

舉例來說，假設你想談一部動畫電影的結局驚人之處，那麼你可能需要稍微解釋劇情大綱，但不一定需要介紹配音陣容。如果你想聊推的新歌有多棒，也許只要提一下他們最知名的歌曲名稱，讓對方產生印象：「哦，原來是那個團體啊！」就足夠了。

透過逆向思考來決定哪些是必要的資訊，這是補充背景知識時的關鍵技巧。

②「配合對方的興趣來調整話題內容」

這是配合對方「想知道」、「想了解」、「有興趣」的方向，將你想表達的內容調整成符合對方需求的一種做法。

具體例

- 向喜歡很會跳舞的 K-pop 偶像的朋友介紹：「日本也有很會唱歌跳舞的偶像喔，你看！」藉此引起他們的興趣
- 對熱愛棒球的朋友，可以用這樣的開場白：「有位一直是阪神虎球迷的諧星，最近在 YouTube 上提到說，在看了這場比賽之後，突然迷上足球了！」
- 詢問擔任國中老師的朋友：「最近有位在十幾歲青少年當中非常受歡迎的聲優，你聽說過嗎？」

如果能夠以符合對方興趣的方式來開場，就更容易讓人們對我們想分享的內容產生興趣。

這種做法稱為「讓步」——也就是主動向談話對象靠攏的策略，試著用他們熟悉的話題作為切入點。如果應用得當，甚至可以讓對方對原本不感興趣的領域產生好奇。這招我自己也很常用。

在運用這個方法時，同樣需要明確掌握雙方之間的資訊落差，也就是對方「對哪些事感興趣」，以及「對哪些事特別不感興趣」。

③「主動提及對方不感興趣的狀況」

這種策略用來應對「對方完全沒興趣，甚至壓根沒在聽」的情況。適合的對象對你的推絲毫沒有興趣，也適用於講座、研討會等面對陌生觀眾的場合。

具體例

- 「我知道你應該完全不感興趣，但我最近突然迷上了一位聲優……」
- 「大家應該是因為公司培訓才來聽這場講座，突然被迫聽這個主題，應該有點想睡了吧……不過請讓我分享一下……」
- 「接下來要談的，是一個你們可能從來沒接觸過的領域。」

最重要的是，要傳達出「我對你有興趣」的態度。正因為我關心你，才會知道這個領域並不是你的興趣所在。只要稍微釋放出這樣的訊息，對方通常就會比較願意聽你說下去。

當然，即便用了這種緩衝方式，有時候對方還是不會買單，不想聽的還是不想聽。但做與不做，結果可是天差地遠。

培養「預測雙方資訊落差」的習慣

事實上，只要在日常生活中養成「掌握與對方資訊落差」的習慣，不僅對談論推有幫助，還能應用於各種表達的場合。

簡單來說，就是要養成想像「聽眾」立場的習慣！

就算在面試時面對不認識的主考官，都可以思考「跟面試官差不多年紀、性別、職業的人，可能會對什麼事情感興趣，對什麼事情比較不熟悉呢～？」「哪些資訊能讓這位面試官產生興趣～？」例如在面試娛樂產業的職缺時，你可以這樣說「目前年輕人之間流行的是○○，之所以會造成話題，是因為……」以自己的方式分析現代年輕人的流行趨勢，或許就能引起面試官的興趣。

同樣地，在做簡報時也能運用這個習慣，像是「這場簡報的聽眾是什麼樣的人？哪些資訊可以省略？」「應該用什麼話題當開場白？」冗長又沒有重點的簡報，往往會讓人感到厭煩。但如果能想像對方的資訊量與需求，就能更精準地決定哪些地方該簡化，哪些地方需要補充。

所有的表達，一定都有聽眾。

尤其在無法與對方即時互動的場合，例如演講、簡報、甚至是社群媒體上的發文，我們無法立即得知聽眾的反應，因此更應該時時想像，自己與聽眾之間存在著多大的資訊落差。這種「預測雙方溝通落差」的能力，會讓你的表達更加精準，也更具影響力！

加上註解，讓表達更順暢！

盡量解釋專業術語

- 對方對這個資訊了解多少？
- 對方對這個資訊有什麼印象？

我們需要根據這兩點來調整說明方式——這在填補資訊落差的階段①格外重要。

那麼，到了階段②，當我們要正式傳達想法時，該怎麼做才能讓對方更容易理解呢？

首先，當你在對「不太熟悉這個領域」的人講解時，有個很重要的技巧——

簡單來說，就是盡可能為專業術語加上簡單的解釋。

換句話說，在談話時「加上註解」的習慣非常重要。

就像我們在閱讀書籍時，偶爾會看到類似「※這個詞的意思是……」這樣的註解，來幫助讀者理解陌生的詞彙。

同樣的，在口語表達時，適時加上「口頭註解」也能讓對方更容易吸收你的話語。舉例來說，「推」這個詞如今已經相當普及，許多人都能理解，但「擔當」這個詞呢？仍然有不少人聽到後，無法馬上明白它的意思。如果這時候直接說：「我是○○的擔當」，對方可能會一頭霧水，甚至感到困惑。在這種情況下，換個說法，例如：「我是○○的粉絲」，就能讓對方更容易理解，也不會無形中增加理解對話的負擔，讓溝通變得更順暢。

正如我們在階段①提到的，盡量掌握對方的資訊量。在此基礎上，**應避免使用對方無法立即理解的詞彙，而是換成更容易理解的說法**。

舉個例子，「擔當」這個詞可能讓對方一時摸不著頭緒，這時可以適時補上：「就是粉絲的意思」。像這樣，刻意在對話中補充簡單的說明，讓對方更容易理解你的話。

選擇小眾用語的原因

有時候，像「擔當」這樣的詞，能夠精準傳達特定的細微意涵，單純用「粉絲」來替換，反而無法表達完全相同的感覺！有人會覺得：「我就是不想換成『粉絲』！」這種心情我當然可以理解，我自己其實也這麼覺得。

事實上，不附加解釋的話，傳達資訊的速度確實會更快。例如，在Twitter上使用只有同好才懂的專業用語時，往往更容易被閱讀和轉發。因為讀者多半屬於該領域的社群，他們會更偏好使用相同語言風格的貼文或部落格文章，這也讓這類資訊更容易擴散。

這和青少年創造自己專屬的流行語是同樣的道理。你可能聽過這樣的笑話：某個詞彙一旦有長輩開始使用，青少年就不會再用了。這背後的邏輯其實很簡單——為什麼人們會創造只有自己圈子聽得懂的詞彙？為什麼我們會自然地使用這些專業術語，而不是選擇更通用的詞彙？

這是因為，在熟悉這些詞彙的群體中使用它們，可以更快速、更精準地傳達資訊。同時，這也能確認彼此的歸屬感。在熟人之間，彼此能理解的詞彙越多，對話就越順暢，大家也就不用刻意修飾語句，溝通起來更加輕鬆自然。

之前提過，理解「自己與對方的資訊落差」很重要。當你發現對方使用相同的詞彙時，代表彼此的資訊量大致相同。

我們使用相同的圈內用語，來確認彼此掌握資訊的程度是否一致。也正因如此，我們才會不斷創造新的流行語。

相反地，想像一下，如果你完全不使用流行語，而是堅持使用正式、嚴謹的語言呢？這樣的情境或許更能說明問題——

例如，你不會在公司會議上對你的部長使用ＳＮＳ上流行的俚語，對吧？因為你不認為部長是你的「社群夥伴（網友）」。但在職場中，大家卻會毫不猶豫地使用公司內部的術語，因為這代表彼此是「公司夥伴」。

言談書寫中不帶註釋，的確能加快資訊傳遞的速度——換句話說，如果對方能理解不加解釋的詞彙，那代表彼此擁有相近的資訊量，這樣的對話關係就不需要階段①的補充或讓步。

SNS和網路世界之所以容易誕生各種「俚語」和「專業用語」，正是因為大家都熟悉這套語言規則。

「我們之間不需要多餘的解釋，因為我們是同類，我們懂彼此。」正是這種無形的默契，讓我們持續使用這些詞彙。

「推廣」真的有意義嗎？

然而，如果對方並非同類，無法理解這些詞彙，那麼就算傳遞速度變慢、表達方式顯得囉嗦，我們還是應該適時地加上註解，這樣才能確保對方真正理解你的話。

就像出版一本以拉丁文寫成的古典文學時，如果讀者都懂拉丁文，那當然不需要額外的註解。但現實是，大多數人不會拉丁文，因此需要提供翻譯和補充說明。雖然這樣做可能讓閱讀變得繁瑣，但這是一種體貼讀者的表現。

因此，試著養成這樣的習慣：「我用這個詞，對方真的能理解嗎？」這樣的思考方式，能幫助我們培養更好的表達能力，也能提升我們對他人的理解力。

說到這裡，或許你開始覺得：「要是這麼麻煩，那還要跟不懂推的人分享幹嘛？光是選詞都要小心翼翼，那談論推還有什麼樂趣可言？」也許你甚至有種衝動，想把這本書直接扔掉……

說實話，我完全能理解你的心情。畢竟，在熟悉推的人之間交流，的確是最輕鬆的方式。看完演唱會後和朋友熱烈討論、在推特上狂發感想——這些時刻最讓人感到愉快。我們可以毫無顧忌地使用專業術語，理解彼此的速度快得驚人。相信你也曾體驗過，當大家都身處相同的圈子時，這種無縫接軌的對話有多麼過癮。

然而，當我們試圖向不了解推的人介紹時，就完全是另一回事了。不只需要花費大量心力，還可能讓你產生挫折感。

比如，當你滿懷熱情地介紹時，對方卻回應：「欸？所以你是喜歡他，想跟他談戀愛的那種嗎？」這時，你可能會在心中大喊：「才不是這樣！為什麼你就是不懂！」但你還是得忍住，慢慢解釋。

當「推」這個詞彙本身都無法讓對方理解時，還能繼續聊下去嗎？你或許會因此感到無力，甚至覺得「我們根本沒辦法溝通啊……」。

即便如此，我仍然想要談論我推。這是為什麼呢？因為我自己，也是因為別人的分享，才認識了現在這些讓我深深著迷的人事物。

如今我所喜愛的一切——小說、漫畫、寶塚、偶像，以及種種其他興趣——回首過去，我之所以對這些領域產生興趣，都是因為某個陌生人曾經在網路、書籍或其他地方談論過它們。

讀過某位不知名大姊姊寫的書評部落格、翻閱過一本幽默詮釋漫畫評論的專業書籍、在偶然間看到一個不斷熱情分享寶塚「本命」的推特帳號、過去也因朋友的一句話，而注意到自己從未感興趣過的偶像團體……這些一言一行，對過去完全不了解這些人事物的我來說，卻是如此具有吸引力，讓我忍不住回過頭去關注。

不管如今有多熱愛自己的推，但最早一定會有一段完全不認識我推的時期，這點光用想的就覺得可怕。但正因為如此，或許未來某一天，有人也會對我的發文產生興趣——**在這個世界上的某個角落，或許就有這麼一個人，正等待著這場相遇。這麼一想，我還是想試著向那些對我推毫無所知的人，分享其魅力。**

我們所身處的世界，其實比想像中更加遼闊。也正因如此，我們會有一種衝動，想要向這個世界的某個人傳達：「這麼美好的事物，真的存在於世上啊！」

只是，要實現這個願望，需要多花點心思才行。

用「聲音」分享推的魅力！

想不出合適的詞？先記下來，讓表達更流暢！

至於如何表達自己想傳達的內容，可以參考前一章提到的「只屬於自己的筆記」。

當你覺得難以清楚表達時，不妨試著將想法拆解得更細緻且具體，以便釐清思路。如果想指出某些不太滿意的地方，也可以試著從自身感受出發，透過個人的視角來切入。

其實，與人交談時的表達方式，跟書寫筆記的過程並無太大差異。當你透過筆記不斷累積語言素材，這些詞語與表達方式便會逐漸內化，即使是在對話中，也能更自然地說出口。因此，若能養成在筆記、日記或社群平台上記錄想法的習慣，那麼在與人交流時，就能更順暢地找到合適的字句來表達。

如果你經常覺得：「腦中明明有想法，卻總是說不出來！」那麼，不妨先為自己留下一段獨處的時間，好好整理想說的話，並試著將想法記錄下來。

因為在對話過程中，我們難免會受到對方話語的影響，這本來就是交流的一部分——透過與他人的互動，語言相互交錯，甚至可能發展出自己原本想不到的觀點，這正是對話的魅力所在。

然而，若事先整理好自己的語言，與人交談時會更加自如，也更能享受溝通的樂趣。

先建立屬於自己的話，然後在對話中自然運用。

如此一來，便能發展出獨特的說話風格。

聲音表達的關鍵——精準抓住重點

近年來，透過 **Podcast** 等平台分享內容的人越來越多，或許有些人也想透過聲音來向更多人介紹自己的推。

但與日常對話不同，當我們單方面對著不特定多數的聽眾說話之時，表達方式需要做一些調整。

關鍵就在於——強調「這裡要注意聽」的重點。

一個人單獨講話時，很容易開始產生自我懷疑：「這樣講有趣嗎？大家真的有在聽嗎？」如果看到台下的聽眾一臉無聊，這種不安感會更強烈。

這時候，「掌控輕重緩急的節奏變化」就成了維持吸引力的關鍵。

回想一下自己讀中學或高中那段時候吧。不論是上哪個科目，通常一節課的時間都將近一小時，而老師往往需要獨自講滿一整堂課。這樣想來，能夠在這麼長的時間裡持續吸引學生注意力的老師，其實擁有極高超的口語表達能力。

但很殘酷的是，我們的確會把課程分成「有趣的」和「無聊的」，甚至是「容易理解的」和「讓人聽不懂的」。

那麼，這些差異來自哪裡呢？

關鍵就在於老師是否明確指出「重點在哪裡」。

擅長講課的老師，通常都懂得如何掌握節奏變化，即使學生有點想打瞌睡，也能適時拋出：「這裡一定要記住！」或「這樣解題也可以，意外吧？」之類的話，讓學生產生興趣。

而這種「關鍵提示」的頻率，絕對不是一堂課只說一次。可能每三到四分鐘就會提醒一次：「這裡超重要！」這樣才能確保學生不會走神。

因此，當我們進行聲音表達時，也應該運用這種方式，設計「這裡要注意聽！」的關鍵點，讓聽眾的注意力能夠持續跟上。這就是製造輕重緩急的技巧，也是讓談話變得吸引人的關鍵。

確定方向，讓聽眾跟上你的節奏

我偶爾會在公開演講或簡報中，向不特定的大眾發表內容。經過無數次的嘗試與失敗後……我深刻體會到，最糟糕的情況莫過於——自己都不清楚要把聽眾帶往哪裡。

這裡所說的「帶往哪裡」，簡單來說，就是讓對方理解「這個結論很重要」，或是「這個重點要記住」。更進一步來說，也包括預測對方的反應，例如希望聽眾在這個時候會心一笑，或者在某個環節點頭認同：「原來如此！」

請務必清楚「希望聽眾在聽完後產生什麼樣的變化」，這點至關重要。

否則，當你獨自講述時，很容易陷入尷尬與不安。對著陌生的大眾發表意見，本來就是一件需要勇氣的事。如果在講到一半突然意識到：「我現在到底在做什麼？」那麼當下的表達就會變得混亂，甚至開始懷疑自己真正想傳達的是什麼。

因此，為了避免這種情況，不僅要克服講話時的羞澀，更重要的是確保自己能吸引聽眾的注意，並明確知道自己希望他們跟著前進的方向。

順帶一提，第五章會更詳細地討論這個概念。其實，這不僅適用於說話，寫作也是如此。當我們撰寫一篇長文時，也需要思考讀者最終會被引導到哪裡——讀完這篇文章後，他們應該有什麼收穫？唯有清楚「掌握終點」，才能讓表達更具說服力，並確保聽眾真正理解並有所收穫。

說到底，「習慣」才是最重要的關鍵

另一個讓我深刻體會的重點是——習慣才是提升聲音表達的關鍵！

一開始就能順暢表達的人，其實幾乎不存在。大多數人都是透過一次次的經驗累積，逐漸找到自己的節奏，讓表達變得更加流暢。我觀察過許多不同的分享者，因此更加確信這一點。

當然，每個人對「分享內容」這件事的感受不同，有些人覺得很有趣，有些人則覺得難以適應。但不管怎樣，「習慣」才是關鍵中的關鍵。

就像我們使用社群媒體的經驗一樣。剛開始發文或上傳內容時，可能會感到迷惘：「應該怎麼寫？」「這樣寫會有人看嗎？」但隨著不斷嘗試，你會逐漸找到自己的方式，甚至不知不覺間，發文成了日常習慣的一部分。說話也是一樣，隨著反覆試錯，你會越來越得心應手。

剛開始時，你可能會覺得話卡在嘴邊，或者根本不知道該說什麼，甚至懷疑自己是不是講得不夠好。但只要持續練習，慢慢習慣之後，你會發現——其實說話這件事，也可以變得很有意思！

第4章

社群時代談我推——堅持自我，說自己的話

在我推的世界，守住自己的言語主權

社群發文的生存法則——學會「自保」

在前一章，我們探討了如何「談論推」，本章則著重於在社群媒體上如何用「短文」表達推的魅力。至於部落格或 note 這類長篇文章的撰寫技巧，將會在下一章深入說明。

說到如何在社群平台上談論推，核心關鍵只有一點——「自保」。

「自保」……是什麼意思？你或許會有這樣的疑問。但不管是 Twitter 還是 Instagram，這確實是最重要的一點——懂得如何保護自己。

當我們在社群媒體上分享對推的感想時，可能會遇到以下情況：

首先，根據第二章所做的筆記，請用自己的話在社交媒體上寫寫我推的魅力。然而，你發現已經有人發表了類似的觀點，於是心想：「既然別人都說過了，那我就不需要再寫了」，最終放棄了分享。

或者，你剛看完愛團的演唱會，準備寫下自己最感動的瞬間，卻發現追蹤的朋友已經發了類似的內容。又或者，你想對自家偶像參與的節目表達不滿，但看到這樣的留言：「難得有人找我們愛豆上節目，還是不要批評比較好吧。」這些外在的聲音可能讓你猶豫，甚至選擇不發文。

即便如此，你的想法依然是你的想法，值得堂堂正正地寫下來。

推與自己之間，無需讓他人介入

因為別人的話與自己相似，便收起自己的聲音。

因為受到他人的規範，而不再表達自己的意見。

因為受他人影響，開始猶豫該不該開口。

因為在意他人的存在，最終選擇沉默，不再談論推。

在社群媒體的世界裡，我們無時無刻都被各種言論包圍，甚至比自己意識到的還要多。於是，在還沒開口之前，我們便開始揣測他人的反應，然後，不知不覺地收起自己的想法，最終選擇不說。

不過，請試著仔細想想。

「他人的感受」，真的和「推」以及「你」之間的關係有那麼重要嗎!?

這裡所說的「他人的感受」，可能來自與你喜歡同一位推的粉絲，也可能是大眾輿論或周遭的聲音……但這些意見，真的會影響你與推之間的連結嗎？

如果因為別人的看法，而動搖了自己對推的情感，甚至讓自己原本想說的話就此打住閉口不談，豈不是太可惜了嗎？

你不是為了迎合別人才喜歡推的，對吧？

在社群平台上分享推的魅力，不是為了迎合誰的期待，而是為了推，或者是為了你自己。我們想讓更多人知道推的美好，想記錄屬於自己的感動，希望有人能理解我推為何這麼有意思。這份熱愛，應該只存在於推與自己之間，不需要外界的聲音來干涉。

所以，別讓自己被他人的言論左右。在這個充滿各種聲音的社群平台上，守住自己想說的話，才是關鍵。

明知與衆不同，依然選擇發聲

在社群媒體上，我們常能感受到一種難以言喻的「集體氛圍」。就像學校教室裡的集體意識，隨著討論的發展，大家的反應逐漸趨於一致，形成某種共識：這是好的，那是不好的。這種共識由無數言論交織而成，塑造出一種特定的輿論氛圍。

但正因如此，我們更要學會不讓這種氛圍壓抑自己的聲音，才能守護自己的想法。

這並不是要你故意與眾不同，而是在理解這種氛圍的前提下，仍然選擇表達自己的真實感受。

舉例來說，你參加了偶像團體的演唱會。多數人都說演出精彩絕倫、感人至深，但你卻覺得演出編排中規中矩，曲目安排與以往差異不大，希望能看到更多突破與驚喜。然而，社群媒體上幾乎都是「這場演唱會真的太棒了！」這類正面評價，整體氛圍偏向「這是一場完美的演出」。

這時，最重要的是先意識到：「我的感受與大多數人不同」，並明確區分「主流輿論」與「個人觀點」是兩回事。如果想在社群媒體上發表感想，可以這樣寫：「這次演唱會真的很棒，大家的評價也很熱烈，不過對我來說，還是希望他們能多一點新嘗試！」

只要在句子裡加入「大家的感想都很正面，但我個人是這樣想的……」這樣的鋪陳，就能讓持不同意見的人更容易接受你的觀點。

因為這**讓對方意識到：「這個人雖然跟我想法不同，但他理解我的立場，並仍選擇表達自己的看法。」在這樣的前提下，對方更可能願意聽你說下去。**這種方法真的有效，值得一試！

當然，你也可以選擇直接發表自己的想法，而不做任何鋪陳。但如果事先承認「自己與多數意見不同」，不僅更容易被閱讀，還能讓自己做好心理準備：「即使我的觀點不符合主流，我依然選擇說出來。」理解。

在社群媒體上發表與大多數人不同的意見，確實需要勇氣。

即便只是對演唱會發表不同看法，也可能讓人感到猶豫，這種心情，我完全

但請記住，勇敢說出自己的想法，對你和你的推而言，都是一件重要的事。

堅守自己的言語，不在輿論中迷失

看到這裡可能有人想問，有必要不惜抱著這樣的恐懼，也要在社群媒體上表達自己的意見嗎？

真的有必要鼓起勇氣，去公開談論推嗎？當然，你完全可以選擇不發表。你可以只在日記或筆記裡記錄自己的想法，讓這些感受只屬於自己，這樣也很好。

但無論你選擇以何種方式記錄，如果你真的深愛你的推，擁有一套「屬於自己的言語」是非常重要的事。

因為，擁有清晰的個人觀點，能讓你對「喜歡這個推」這件事產生更深的信任感。

在此請允許我分享一個親身經歷。曾經，我非常喜歡寶塚的一位首席娘役，但有一天，她宣布退團，讓我一時陷入低潮。不過，當我在社群媒體或部落格上寫下她吸引我的地方——她舞動的身姿美得令人屏息——這樣記錄下來後，我逐漸意識到：「她曾經為我展現過如此動人的演出，我應該表示感謝，而不是沉溺於不捨之中。」於是，慢慢地，我得以從失落中釋懷。

這只是我的個人經驗，但「推」的世界，充滿了無數可能。也許某天，你的推會突然宣布畢業或退團；也許有一天，他會捲入爭議或負面新聞；甚至，他可能會因某些事件，讓外界對他的評價天翻地覆（雖然聽起來不太吉利，但難保不會發生）。

這些時候，如果能不被外界聲音左右，清楚表達自己對推的想法，你就不會輕易迷失，忘記自己最初的心意。

畢竟，每個人珍視的東西都不同，盲目迎合他人的評價，只會讓自己失去原本珍視的事物。

再說一次，他人的情緒，與「推」和「你」之間的關係，毫無關聯，不是嗎？真正重要的，是你如何守護自己的言語，確保在眾聲喧嘩之中，不讓自己的聲音被輿論淹沒。在社群媒體上談論推時，最重要的不是如何迎合眾人，而是如何守護屬於自己的聲音。

別讓他人的話左右你的想法

社群媒體的影響，比你想的更深

我們往往比自己意識到的更容易受周遭話語所影響。

舉個例子，當有人說：「日本的未來沒救了！」這句話雖然談論的是國家層面的問題，卻可能讓你莫名感到自己的未來也一片灰暗。

又或者，對於某位明星外遇的緋聞，你原本不以為意，但當社群上充斥著猛烈的譴責聲浪時，你也開始覺得這件事不可原諒。

我們每天接觸的言語，無形中影響著我們的想法。

人類是依靠語言來交流的生物，當同樣的話語反覆出現在我們眼前，我們便會潛意識地將其內化，甚至誤以為這些話是針對自己而來。

這種影響，當然也適用於我們對推的看法。

當社群媒體上有人熱烈稱讚某位偶像，你可能會開始對他產生好感；相反地，若某位名人不斷遭到批評，即便這個人從未傷害過你，你也會對他產生負面印象。

言語，具備強大的傳染力。

因此，若不加以篩選，我們很可能在不知不覺間被社群媒體的言論影響，讓自己的思考方式、情緒，甚至價值觀，逐漸被他人的聲音「感染」。無論這種影響是正面的還是負面的，我們都需要保持警覺。

學會區分「他人的話語」與「自己的想法」

想避免被外界言論影響，有兩種方法：一是選擇不去接觸那些話語，二是培養足以抵消外界影響的自我意識。

第一種方法，就是刻意遠離外界的話語。

當你感到疲憊時，適時關掉社群媒體、不去瀏覽負面新聞，會是非常有效的方式。畢竟，在心情不佳的時候，還去接觸更多讓人不適的內容，只會加倍地自我耗損。同樣的，當你發現某些言論會帶來負面影響，「不去看」反而是最好的選擇。

保護自己不受他人言語影響的另一種方式，是「建立屬於自己的觀點，釐清他人的立場」。換言之，我們應該要清楚地表達出「我認為情況並非如此」這樣的想法。

當然，無須去強迫自己發表與他人相左的意見。但若你對某些說法感到不太認同，請試著有意識地區分「那是他人的聲音，而這是我自己的觀點」。

聊我推，也是在找尋自己的故事

找回自己的聲音，從筆記開始

或許你曾煩惱：「怎麼自己在社群媒體上寫下的想法，總是和別人差不多？」

然而，**SNS本來就是一個大家聚在一起、熱烈討論特定話題的平台，無須為了意見相似而感到羞愧**。

即便如此，如果你仍然希望自己的發言能與眾不同，那麼，不妨重視自己曾經寫下的筆記與日記。

那些在接觸他人意見之前，就已經記錄下來的想法；

或是在專注於推的細節時，所產生的觀察；

這些未經外界影響的紀錄，往往才是你最獨特的聲音。

真正屬於你的見解，往往誕生於不需要給任何人看的筆記與日記（詳參第二章）。

請珍惜並發掘，屬於你的「推」之語！

因爲我推，我成爲現在的自己

正如第一章所述，暢談推，同時也是在暢談自己的人生。

為什麼會喜歡這個推？

在這個「推」文化流行的時代，為何選擇了這個人、這個作品、這個領域？

為什麼這份喜愛能夠一直持續下去？

你又是經歷了什麼，才會遇見你的推？

當我們試著回答這些問題時，不只是為了描述推的魅力，更是在梳理自己與推相遇的故事。

透過言語表達自己的喜好，也能讓我們對自身的理解更加深刻。

既然我們已經遇見了這樣珍貴的存在，何不藉此機會，透過言語來肯定自己的人生？

在談論推的過程中，你會發現——自己的世界，遠比你想像的更加值得珍惜。我自己就曾無數次體會到這種感覺。

比如，我和在ＳＮＳ認識的朋友聊起寶塚，結果我原本以為不會有人在意的細節，對方竟然頗有共鳴，讓我感動不已。又比如，我在部落格寫下了對某部小說的熱愛，沒想到意外獲得了許多迴響，讓我意識到：「原來，只要真誠地寫下自己真正的感受，這份心意真的能傳達給別人！」

曾經，我在網路上發表自己對喜愛漫畫的評論，而得到了這樣的勇氣——原來，大聲說出「我喜歡這部作品！」這件事，並沒有什麼不可以。

透過談論推，比起單純描述自己，更能深入了解我自己這個人。

話雖如此……我在這裡大力讚揚聊推的樂趣，還是有人會說：「不管怎麼說，喜歡『推』到頭來不就是一種消費行為嗎？」確實，如果只是單純玩自己喜愛角色的遊戲、看演唱會或舞台劇——也就是僅以消費者的身分來享受推的存在，那麼或許就止步於此了。

但是，如果你主動開口談論推，或是寫下關於推的內容時，你便不再只是被動地接受，而是能夠真正主導這段體驗。

你可以發現並分享那些創作者本身未察覺的魅力，讓這份喜愛的價值超越單純的消費。透過推，你能展現自己獨特的視角，並能主動享受人生。

別讓他人的聲音動搖了你的想法，試著將自己對推的情感化作言語，好好表達出來吧！

或許有一天，當你回頭看這些文字時，會感謝過去的自己——「原來，我曾這麼深深地喜歡過這個人（作品）。」屆時，你一定會為此感到幸福與滿足。

第5章

用文章傳遞我推的魅力，讓熱愛真正觸動人心

好文章，讓你的推更動人！

動筆前，先想清楚兩件事

這一章，我們要來談談如何透過「長文」來傳達推的魅力。無論是寫部落格文章、粉絲信，還是其他要給別人看的長篇內容，當你準備提筆時，是否曾經發生這種情況——「該怎麼開頭啊？」

但，請先別急著開始！

在動筆之前，有兩件事一定要先確定：

①決定你的讀者是誰

②確定你最想傳達的重點

在寫長篇文章，特別是要讓「他人閱讀」的文章時，請務必記住這兩點。我自己也一定會這麼做。這兩點的目的，就是為了確保你在寫作時能夠清楚鎖定「最終的目標」。

那麼，**為什麼寫文章會讓人覺得困難呢？很大的原因在於，我們在寫作時，常常搞不清楚自己的目標到底是什麼**。如果是踢足球或打籃球，大家都知道要進球得分、帶領球隊獲勝；如果是考試，大家也知道要拿到高分，爭取好成績。

但是，寫文章就不同了。目標並不是「寫越長越好」，也不是「寫得很厲害就行」。就算你覺得自己寫得不錯，但如果內容沒有真正傳達給讀者，那麼這篇文章仍然稱不上是一篇好文章。

所以，寫作時，我們必須先確立「目標」——也就是：

① 你希望誰來讀這篇文章？
② 你想傳達的核心內容是什麼？

任何文章的終點（＝目標），都是「讓讀者確實接收到你想表達的內容」。這不僅適用於資訊類文章，就連小說這類創作型內容也是一樣的。

小說雖然不一定要有明確的訊息，但會有一種「想讓讀者感受到的氛圍」或「希望讀者體會到的情感」。如果這些核心沒有成功傳達給讀者，那麼這篇作品就失去了意義。

所以我再強調一次——能夠確實傳達訊息，才是好文章。當然，如果這篇文章是寫給自己看的，那就沒有關係，怎麼寫都可以，畢竟筆記只要自己看得懂就行。但是，如果這是一篇要「給別人看」的文章，那麼文章的好壞，取決於是否能準確地將你的想法傳達給讀者。

因此，在寫作之前，先設定好目標，並思考如何運用技巧來達成這個目標，這才是寫好長篇文章的關鍵。

鎖定目標讀者，直擊內心

開始寫作之前，首先要決定「①你的目標讀者」是誰。

當我們在聊天或發社群貼文時，通常能夠清楚想像「誰會接收我的話語」。但一旦進入長篇文章的寫作，這種感覺往往會變得模糊。因此，從一開始就確立讀者（＝受眾），是讓你的文章擁有明確方向的重要關鍵。

你的文章是寫給誰看的？

請盡可能具體地思考這個問題。

尤其是在撰寫觀後感或心得時，最重要的是「這篇文章是寫給已經熟悉這個領域的人，還是完全不了解的人？」

舉例來說，如果你要寫文聊聊你想推薦的偶像團體——是寫給已經認識這個偶像團體的人？還是寫給幾乎對偶像文化一無所知的人？即使同樣是「推廣」性質的文章，讀者不同，寫作方式也會有很大的差異。

如果是寫漫畫推薦文，你是要向已經看過這部作品的讀者分享你的深入解析？還是想讓完全沒接觸過的人知道這部作品的魅力？

確定讀者的範圍，能讓你的文章更加精準且有說服力。可以參考以下列表，有助於決定你的目標讀者。

◎目標讀者的範例

- 同樣喜歡這位推的粉絲
- 國中時的自己
- 我推本人！（假設寫的是粉絲信）
- 喜歡其他團體的朋友
- 自己的父親

這裡的「目標讀者」只是你在寫作時的參考對象，並不代表這些人真的會看到你的文章。例如，過去的自己當然不可能回來看你的文章，但光是有這個想法，就能幫助你釐清寫作方向。

關鍵在於：先設定好你的目標，並確保文章不會偏離這個核心。這才是讓文章更具說服力的關鍵。

讀者對推的熟悉度，決定你的寫作策略

這裡要特別注意的是——請思考你的「讀者」與「推」的距離有多遠。這個概念類似於第三章「談論推的訣竅」提到的：「你的受眾與推之間的距離有多大？」

舉例來說，假設你推的是一部系列小說。如果你的讀者已經對這部小說非常熟悉，你就不需要額外介紹劇情或角色。但如果你的讀者完全沒看過這部作品，那麼你可能需要簡單地說明劇情概要，並強調這部小說最吸引人的地方。

換句話說，透過衡量你的「目標讀者」與「推」之間的距離，便能判斷是否需要採取第三章提到的「先補充前提資訊，再進入主題」這個步驟，來縮短資訊落差。

如果你的文章是寫給對推不太熟悉的人，就需要遵循兩個步驟：

階段①：填補你與讀者之間的資訊落差

階段②：傳達你的觀點與感受

相反地，如果你的讀者已經很熟悉你的推，就可以直接從階段②開始，進入核心內容。

無論是說話或寫文章，先掌握自己與讀者的資訊落差，就能更準確地決定文章的架構。這也是為什麼，設定好目標讀者，是決定文章內容取捨的關鍵。

傳達重點，精準切入

讀者確定後，接下來要決定「②想傳達的重點」。

簡單來說，這就是這篇文章「最終想帶讀者抵達的地方」，換句話說，就是你寫作的核心訊息。請先確定「只要這一點能傳達出去，就夠了！」的關鍵要點──這正是我們前面提到的「文章的目標」。

為什麼要設定重點？

因為寫作時最容易遇到的困難是：「我到底想表達什麼？」

寫到一半，發現自己的思路開始模糊，最後變成結論不清不楚、自己都搞不懂在說什麼的文章，這種情況是不是很常見？如果缺乏明確的主軸，文章最後只會變成雜亂無章的文字堆砌。為了避免這種情況，請先明確設定這篇文章的「核心訊息」。

即使是寫部落格這類長篇文章，也不要一次想傳達太多訊息，請試著聚焦在「唯一的一個核心重點」。傳達的訊息太多，反而會讓讀者失去方向，最後開始懷疑：「這篇文章到底想表達什麼？」對於不熟悉寫作的人來說，最好的方式就是「只選擇一個主軸來寫」。

在決定傳達重點時，請回顧「只屬於你的筆記」（詳見第二章）。從你的筆記中，挑選出最想分享的觀點，並嘗試用以下的句型來整理想法：

「××（要素）讓我感受到〇〇（情感），因為△△（原因）。」

如果你還不確定「△△（原因）」，也沒關係，只要能寫下「這場景讓我感動」或「這句台詞特別打動我」這樣的觀察，就已經足夠。最重要的是，請務必明確掌握「自己究竟想傳達什麼」。

寫作，是整理思緒的過程

然而，寫作時最大的難題就是「寫著、寫著，才發現自己真正想說的話」。

原本只是一個模糊的想法，但在推敲文字的過程中，卻意外地發現「啊，原來我真正想表達的是這個！」這樣的經驗，相信很多人都有過。

所以，一開始的寫作目標只是「暫定」，如果寫到後來發現核心訊息有所變化，也完全沒問題。

有趣的是，**這種「寫到最後才發現自己真正想說的話」的文章，往往讀起來格外有感染力**，因為作者的情緒與思路在文章中真實地流動著。

但請注意，如果你的想法在寫作過程中改變了，請務必回過頭來修正文章的架構，確保核心訊息清楚明確。

最糟糕的情況就是「寫作前沒有確定主軸，寫完後仍然模糊不清」，這樣的文章不僅讀者看不懂，連作者本身也不知道自己到底想表達什麼……

讀者無法「自動」從模糊的文章中解讀你的想法。因此作者必須主動掌控文章的邏輯，才能確保訊息能夠正確傳達出去。

說到底，讀者與作者之間的距離是很遙遠的。讀者接收不到作者的訊息是常態，但如果你的文章能夠清楚地傳達出某個訊息，已經很了不起了！透過文字來讓他人理解你的想法，本來就是一件不容易的事情，所以需要投入心思與技巧。

設定明確的核心訊息，並以這個目標為主軸來寫作，這才是好文章的關鍵。

縮短與讀者的距離，把真心話傳出去

在第一章中，我提過一個觀念：「好的表達，來自於清晰的核心內容，並透過適當的方法傳達出去。」這一章，我們將更進一步探討如何讓你的文章真正「傳達出去」。

讓文章「被理解的關鍵」，就是縮短你與讀者之間的距離。

或許你會想：「有必要做到這麼細嗎？我就只是寫寫自己的感想而已啊！」但如果你真的希望你的文章能夠傳達給讀者，那麼這些技巧就變得極為重要。

如果你的文章只寫給自己看，那當然不需要這麼講究。但公開發表的文章，和私人日記是不一樣的，這也是為什麼在不同的場合，我們的寫作方式會有所區別。

你可以根據自己的需求，靈活調整文章的呈現方式。

如果你的目標是讓讀者理解你的想法，那麼請試著運用這些技巧，幫助文章更有說服力！

讓讀者停下腳步，「開頭」至關重要

別糾結完美開頭，先寫再修

文章的開頭，往往是最關鍵的部分。

在這個資訊爆炸的時代，每個人都很忙，讀者只要覺得前幾行沒意思，就會立刻關掉頁面，轉向其他內容。因此，開頭必須抓住讀者，讓他們覺得「這篇文章值得看！」

但另一方面，如果過度糾結於「一定要寫出一個完美的開頭」，反而會讓人遲遲無法下筆，甚至因此放棄寫作。

其實，寫作時最讓人不習慣也最難突破的，正是「開頭」。因此，這裡推薦的方法是——先寫完全文，再回頭修改開頭！

寫完整篇文章後，回過頭來看看：「這段話最具說服力，或最具衝擊性，不如拿來當開頭吧？」透過這種方式調整內容順序，能讓開頭更具吸引力。

為什麼這麼做？因為開頭應該放「最精彩的部分」。**如果把一篇文章比作一首歌，那麼開頭就應該是「副歌」，也就是最能引起共鳴、最具吸引力的地方。**然後，再透過內文慢慢展開細節，如同歌曲從副歌回到主歌，層層推進。

所以，先寫完文章，再從中挑選最吸引人的段落作為開頭。這種調整方式，會讓文章變得更具吸引力，也更容易讓讀者讀下去。

關於具體的修改技巧，我們之後會詳細說明。現在，先記住一點：「開頭就是文章的門面」，它的重要性不言而喻！

書寫開頭範例① 描述打動你的要素

「還是想不出該怎麼開頭！」如果你也有這樣的煩惱，這裡提供一個簡單的方法。

這時，你可以參考根據第二章而記錄的筆記，裡面應該寫滿了那些讓你對「推」心動的要素。請試著將這些要素放在開頭，並加以描述。

講到「描述!?」你可能會覺得驚訝，但這不是要你寫小說，而是請你試著說明這個要素。

如果你想談的是推有參演的電影，並希望聚焦某個出色的場景，那就先從這個場景的細節開始描述，讓讀者理解。或許還需要先介紹劇情背景、主角設定等等，這些都能幫助你的文章更加完整。

如果你想談自己崇拜的演員，就先從其個人資料開始吧！如果是想讓不熟悉該演員的人也能理解，那麼，列舉他的代表作品、簡單介紹他的演藝經歷，會是一個很好的切入點。但如果你的文章是寫給同好看的，或許可以直接切入這次想討論的重點，而不必重述這些基本資訊。

或者，你也可以從「引用」開始。

如果你想分享一支MV，那就在文章開頭貼上MV的連結；如果是小說，可以引用一段關鍵對話；如果是電影，則可以附上官方預告片的 YouTube 連結，或其他相關影片。

直接呈現你最希望大家看到的部分，這樣的開頭，不僅能有效吸引讀者，也能明確讓他們知道你想表達的內容。

一開始就展現何謂「值得讀的好文」

接著，在引用完這些要素後，請記得補充自己的感受。這部分可以參考第二章的筆記，你當時是因為什麼而感動？這些情感的來源是什麼？請試著將這些內容整理進文章中。

這裡有一個關鍵原則：「與其寫下籠統的感想，不如深入描述一個特定要素。」

如果你的文章只是單純寫著「這部作品很好看！」「這位演員超棒！」諸如此類的評語，那麼，這類文章在社群上比比皆是，很難真正吸引讀者。相反地，如果你能具體指出「哪個場景」、「哪句台詞」、「哪個細節」打動了你，這才是最能展現個人觀點的方式。

而這麼做，還能讓你的文章變得更加「親切易讀」。讓讀者一開始就知道文章的主題，能讓閱讀過程更順暢，也更容易投入。

可能有人會覺得：「但小說和電影常常有意想不到的劇情轉折啊，文章開頭不就不能透露太多？」確實，「意想不到的大逆轉」無疑是小說和電影的一大樂趣。但如果故事的轉折過於出人意料，反而可能會讓人產生落差：「這不是我期待的東西……」**多數人還是希望自己投入的時間能換來滿足感，因此，適當地告訴讀者這篇文章的主題，是一種貼心的做法。**

特別是與推相關的文章，比小說或電影都更應該清楚傳達重點。試想，如果你在文章開頭就能明確告知：「這篇文章要談的是××（特定要素）」那麼，這不就等於是在對讀者說：「放心，這篇文章值得你花時間來閱讀喔～。」

讓讀者在閱讀的第一時間就能大致掌握文章方向，這能讓讀者安心，知道這篇文章不會讓他們感到困惑，從而更輕鬆地閱讀下去。

書寫開頭範例② 從自身經驗切入

不過，如果每次都從「精彩片段的引用」開始，難免會顯得單調。

接下來，讓我們來談談開頭的進階寫法。

這是我的個人見解——「如果要談論自身經驗，最好的方式就是直接放在開頭。」

舉個例子：假設你想寫一篇文章，談論某部電影的魅力。在參考第二章的筆記後，你發現這部電影與你的個人經歷有許多共通點，於是你決定透過這些共鳴之處來表達這部電影的魅力。

當你看完這部電影，腦中浮現了自己過去某次失敗的經驗。「啊……這種事，我以前也經歷過啊。其實，這應該是任何人都有可能遇到的吧？」如果你有這樣的想法，那最好的開頭方式，就是直接從你的經驗談起。

各位可以嘗試這樣的架構：

①先描述自身的經歷
↓
②接著說明電影中相似的情節
↓
③最後分析兩者的共通點，並說明自己的觀點

這樣的寫法有一個很大的優勢——當有類似經驗的人讀到你的文字時，或許就會想：「我也經歷過類似的事，還滿心有戚戚焉的。好吧，我也來看看這部電影好了。」

接下來，讓我們看看具體的寫作範例。

具體例

剛出社會工作一、兩年左右，我聽到大學時期的朋友說——「開始上班之後，就沒辦法讀書了啊。」

朋友們一邊苦笑，一邊這麼說。我當時還在念研究所，只能一邊聽著他們抱怨，一邊回應：「哇，真的這麼忙喔？」——然後，過了一陣子，我在一部電影裡，再次想起了這句話的意義。

這部電影就是二〇二一年上映的日本電影《花束般的戀愛》。

這部電影深受年輕人喜愛，故事的開頭描述了主角「麥」的大學生活，他熱衷於閱讀、電影、漫畫、插畫等各種文化類型的興趣。在大學裡，他和同班同學「絹」因為興趣相投而一拍即合，並迅速墜入愛河。

然而，當麥從大學畢業、開始工作後，卻逐漸失去了享受這些興趣的時間。在電影中，麥帶著自嘲的語氣，說出了這樣一句話：

「這些東西已經不再是能讓我放鬆的方式了，我根本沒辦法專心看……結果現在就只想玩《龍族拼圖》。」

是的，麥開始放棄閱讀小說和漫畫，而是把僅剩的時間投入手機遊戲裡。這毫無疑問是踏入職場後所帶來的變化。

看著這部電影時，我腦中不禁浮現出朋友們當時說的話——「開始工作後，就沒辦法讀書了」他們不也是跟麥一樣，經歷了相同的改變嗎？

表面上，這部作品是一部普通的愛情電影，但它真正觸動人心的地方，或許不僅僅是戀愛，而是對年輕人而言，職場生活會奪走我們哪些部分？這部作品之所以能夠引起共鳴，也許正是因為它點出了這個無法忽視的議題。

在這個具體的例子中，開頭那句「開始上班之後，就沒辦法讀書了」就是一種「誘餌」。也就是說，先拋出一段讀者可能產生共鳴的經驗，就能讓對方產生「啊，這部電影我應該也會喜歡」的想法。

這篇文章的架構如下：

①從自身的經歷出發
（＝朋友說「開始工作之後，就沒辦法讀書了」）
②舉出電影中類似的場景
（＝解釋麥的這句台詞及其處境）
③分析兩者的共通點
（＝朋友與麥的處境相似，這正是電影能打動年輕人的原因）

大部分的人，對於自己能夠產生共鳴的內容，會更願意去接觸。因此，如果你的文章想吸引讀者，不妨先從自身的故事切入，建立與讀者的連結。

當對方對你的故事產生共鳴後，他們自然會更想了解你的推到底有什麼吸引人的魅力。讓我們試試這種方法，將讀者帶入你的世界吧！

書寫開頭範例③ 透過「脈絡」引導讀者

如果你的推與自身的經驗沒有直接連結，但符合你的喜好風格，或是讓你發現了前所未見的新鮮感，就可以試試以「脈絡」的方式來開場。

提到「脈絡」，或許會讓人覺得難以掌握，但實際寫下來，你會發現並不複雜。

例1 **「我現在推的偶像，竟然和松田聖子有共通點。」**

↓這樣的開場方式，能夠將「推」放進日本女性偶像史的脈絡來探討，並讓讀者發現它與過去偶像文化之間的連結。

例2 **「我現在推的樂團，竟然和亞細亞功夫世代〔ASIAN KUNG-FU GENERATION，常略稱爲AKG或アジカン（AJIKAN）〕有共通點。」**

↓這句話能讓「推」的音樂風格與日本樂團發展史產生關聯，賦予它更深遠的背景。

例3 **「我現在推的布丁，竟然和法式料理的結構相似。」**

↓當你指出推與完全不同領域的人事物有共通點，會讓讀者產生好奇：「這兩者到底怎麼扯上關係？」這種開場方式，能夠勾起興趣，引導讀者繼續閱讀。

又或者，你的筆記中不是發現「共通點」，而是發掘出某種「新鮮感」。新鮮感，意味著既有的脈絡正在被更新，因此同樣可以從「脈絡」的角度切入。

例4 **「我現在喜歡的這位偶像，擁有過去那些偶像所沒有的新鮮感。」**

↓如果用這樣的開頭，就能將這位偶像定位在「日本女性偶像發展史」中，並為其增添新的脈絡。

例5 **「我現在喜歡的這款布丁，其實掀起了前所未有的便利商店甜點新革命。」**

↓就算不是推本身，而是更大範疇的產業趨勢，也可以透過這樣的方式來闡述其新穎之處。

我們可以利用自己發掘出的脈絡，來說明事物的共通點，或是強調其創新之處。這樣的手法在推廣或介紹推時，極為有效。

其實，「脈絡」並不是由創作者來發掘的，而是粉絲才能賦予的價值。舉個例子，如果是產品開發者自己宣傳：「這款布丁有著前所未見的創新！」聽起來就像一般的廣告詞，不太有說服力。

但如果是消費者主動發聲：「這款布丁的創新點在這裡！」這就變成了真實的「使用者回饋」，更能吸引人們產生興趣，進而想要嘗試。這正是口碑行銷的強大力量。

你所發現的「脈絡」，是你獨有的視角，也唯有你寫得出來。

將這些珍貴的發現，分享給世界吧！

書寫開頭範例④ 終極奧義：「提問式開場」

試了前面幾種方法，還是想不到該如何開頭？這時候，何不試試「提問式開場」！

此法不需要太多思考，請先隨便寫下一個「問題」即可。

具體例

- 「原本對虛擬角色毫無興趣的我，怎麼會開始收集三麗鷗娃娃？」
- 「寶塚有什麼特別的吸引力，讓我第一次決定為他們遠征？」
- 「為什麼有那麼多二十幾歲的人迷上地下偶像？」
- 「VTuber ●●●的影片，到底哪裡最吸引我？」

只要加上「為什麼」、「哪裡特別」這類詞語，問題的答案就能成為整篇文章的核心，幫助你確立文章的方向，讓寫作過程變得更加順暢。

這種開頭方式不僅能幫助作者聚焦主題，也能吸引讀者的興趣，讓人產生「我也想知道答案」的好奇心。

只要解答這個問題，你的文章就會順勢完成，因此這是一個非常推薦的開場技巧。

但要注意，不要過度使用！如果每篇文章都用「提問」開頭，讀者可能會覺得：「這個人怎麼每次都用這招？」導致文章風格變得單調，缺乏變化。因此，「提問式開場」應該當作最後的殺手鐧，在真的想不到如何開頭時才使用。

不過話說回來，這種方式真的很好用、很好寫，一定要試試看！

開頭寫不出來時的五個技巧

★從介紹推的「要素」開始
★從自身經歷開始（個人故事）
★從「脈絡」切入（與過去的共通點或新鮮感）
★從引用開始（如歌詞、對話、經典台詞）
★從「提問」開始（為文章設定主題）

先寫完，不完美也沒關係！

懷抱「一定要寫完」的決心

一旦開始動筆，接下來只剩一件事：把它寫完。

雖然聽起來很簡單，但「先寫完」這件事，才是最重要的。

尤其是面對長篇文章時，能夠讓自己說出：「好，就先寫到這裡結束！」本身就是一大關鍵。

我會建議各位先不要去管文章有沒有邏輯、句子結構嚴不嚴謹，就算亂七八糟也沒關係，總之先寫完再說——因為我們之後一定會一改再改。想一開始就寫出完美內容，其實是不可能的。如果做好心理建設——「總之後續會修改」，那麼即使先寫出來的東西不夠理想，整體完成的速度反而會更快……這是我長年以來的經驗談。

想要寫到最後的唯一訣竅，就是——

「把寫完本身當成唯一的目標。」

就算語句不順、讀起來怪怪的，或是詞彙貧乏，都沒關係，先把自己的標準降到最低，因為真正的重點在於從頭到尾、把整篇文章寫完成就對了。

放心，當你持續寫下去，終點一定會到來。

就像我在寫這本書的時候，也曾無數次在心裡哀嚎：「天哪，寫不完啦！」但我知道只要繼續寫，終究還是會完成。所以，請告訴自己：「這篇文章，我一定會寫完！」「無論如何，我都要完成它！」懷抱這樣的決心，讓自己一路寫到最後。

話是這麼說……為什麼我一直強調「先寫完」？因為，對我來說，「寫完」才是寫作中最難的事。任何人都能想到各種點子，但真正能夠寫出來、完成一篇文章，並發表出去，這整個過程才是最困難的。

從腦海中的想法，到真正成為一篇文章，中間的過程非常漫長，對此我自己也深有體會。

因此，就算這條路看起來很遙遠，也請務必走完。

只要寫完一次，接下來的修改，就交給之後的自己處理吧。現在最重要的是先走到終點，亦即完成眼前這篇文章。

避免寫太多「查得到的資訊」

接下來，讓我們聊聊在「寫完」這條路上需要注意的地方。

首先，要避免在文章中加入「隨便查都查得到的資訊」。

寫影評、樂評或書評時，常見的一個問題是，當你開始搜尋資料時，會忍不住陷入研究的樂趣之中。結果，你會發現自己寫的內容，全都是剛查到的資訊，而不是自己真正想表達的東西。

剛學到的新知識的確會很想分享出去，尤其是那些經過查證、百分之百正確的資訊。但你要問問自己，這些資訊真的有必要放進你的文章嗎？讓我們來看看以下這個具體的例子：

✕ 不理想的寫法

我最喜歡《教父》（*The Godfather*）的最後一幕。

就算沒看過這部電影，大家應該也聽過這個經典片名吧？

導演是法蘭西斯・柯波拉（Francis Ford Coppola）。他是義大利移民的第三代，在美國出生長大。柯波拉的導演生涯始於羅傑・科曼（Roger Corman）旗下，後來成立了自己的電影公司，卻一度面臨挫折。

直到《教父》上映，這部電影超乎預期地大賣。當年，《教父》創下當時最高票房紀錄，並獲得奧斯卡最佳影片與最佳改編劇本，為柯波拉的公司帶來鉅額收益。之後，他參與製作《美國塗鴉》（*American Graffiti*），但該片的導演喬治・盧卡斯（George Lucas）似乎對柯波拉有所戒心，因此在製作《星際大戰》（*Star Wars*）時，並沒有讓柯波拉參與……

於是，柯波拉接下了《黑暗之心》（*Heart of Darkness*）的改編計畫，這部作品後來成為他的第二部代表作——《現代啟示錄》（*Apocalypse Now*）。

話說回來，《教父》的最後一幕到底是怎麼回事呢？

欸……等等，《現代啟示錄》的事情，有必要寫進來嗎？

在網路上查資料的時候，常常會不自覺地覺得「哇，原來如此，好有趣！」然後就順手把這些資訊加進文章裡，但對讀者來說，這類內容很可能會讓人產生「這段真的有必要嗎!?」的想法。

對寫文章的人來說，既然都特地查了資料，當然會想把它放進去吧？但其實，這樣的內容大可不必。因為這些資訊，只要一查就能知道，所以乾脆大膽地刪掉吧！這些東西，真的不需要特地在你的文章裡寫出來。

你真正該做的，是讓讀者心生「哇，這好有趣！我也想上網查查看！」的想法，激發他們主動去探索的動機。寫出能夠引發讀者好奇心的內容，這才是最重要的！

更好的寫法

我最喜歡《教父》的最後一幕。

就算沒看過這部電影，大家應該也聽過這個經典片名吧？

導演法蘭西斯・柯波拉，與片中的主題有著微妙的共鳴。他本身是義大利移民的第三代，而這部電影的故事，也圍繞著一個義大利移民家族在美國為了生存而掙扎。

話說回來，《教父》的最後一幕到底是怎麼回事呢……

這樣的寫法更加精簡，重點更明確，讀者也能更容易理解你想傳達的內容。

「千篇一律」是寫作大忌

在寫文章時，還有一個需要注意的重點——避免使用千篇一律的表達方式。

在第一章中，我提到過「陳腔濫調（cliché）」這個概念，但即使知道這點，在寫作時還是很容易流於俗套。畢竟，這樣寫出來的文章，看起來好像比較有架勢。

但你真正應該寫的，不是「看起來好像很厲害」的文章，而是能夠準確傳達你想表達內容的文章。因此，請盡量避免流於公式化的老套招數，而是選擇更貼近你真實想法的語言。

- **當你想寫「最讚」時→想想「哪裡最棒？」並具體說明細節**
- **當你想寫「超強」時→試著具體說明「哪方面很強？」**
- **當你想寫「讓人深思」時→問問自己「究竟是什麼讓我思考？」並解釋清楚**

與其把感想寫成籠統的大道理，不如嘗試細膩地描寫你的感受和思考。

重要的並不是詞彙量，而是將想法拆解、細分，然後具體地表達！

請盡可能地將你的熱愛，化作細膩的文字傳遞出去。

第一優先是「先寫完」

行文至此，我已經分享了不少寫作的小技巧，但老實說，相較於「把文章寫完」這件事，這些技巧其實可有可無，各位可以當作參考就好。

像是「我查了這麼多資料，好想全部寫進去啊～」或是「腦中只能浮現類似『超讚』這樣的詞，怎麼辦啊～」這種情況，其實都可以等之後修改時再慢慢調整，先別太過糾結而影響寫作進度。

我之所以特別強調這點，是想幫大家避免兩種常見的情況：像是「明明花了很多時間查資料，卻還是得刪掉，好捨不得……」或是「我都寫下『令人深思』了，現在又要改掉，好掙扎啊……」但說真的——在把文章寫完之前，這些都不是你該關注的重點。寫完，就是一切。

一開始就告訴自己：「我寫完了，好棒！」一邊誇獎自己、一邊努力走到最後。即使用詞不夠精確、句子有點亂都無須在意，因為此時此刻，沒有什麼比「寫完」這件事更重要的了。

文章卡關？這樣做就能順利寫下去！

先檢查開頭是否寫錯!?

雖然我反覆強調「先把文章寫完」，但寫作時還是難免會遇到卡關的時候，對吧？無論怎麼絞盡腦汁、都接不下去的情況，誰都會有，我自己也常常遇到。

寫作最難的部分，首先是「開始寫」，其次就是「寫完」。雖然這句話聽起來很像廢話，但其實相比起來，文章的修正、發表都算是相對簡單的事——真正讓人苦惱的，往往是無法順利開頭，或是中途卡住無法寫完。

接下來，要介紹「當你無論如何都寫不下去時，該怎麼辦？」的解決方法。

首先，遇到卡關時，最先該懷疑的是——是不是開頭寫得不對？

比方說，也許你選了一個沒什麼可發展的論點，卻硬是想要拓展；或者，明明對這個主題沒有太大興趣，卻勉強自己寫下去；又或者，開頭本身帶著某種違和感，導致後續內容難以順利發展下去。

如果一開始的切入點選得不好，文章自然也就難以繼續寫下去。開頭的方向錯了，終點當然也會變得遙不可及。

如果你懷疑是這個原因，不妨乾脆大膽地改掉開頭！

例如：一、原本用「引用」開場，不妨改成「提問」；二、原本從個人感想開始，不妨改成敘述具體場景。試試換個角度切入，重新寫一次，可能就會意外順利地寫下去。

雖然修改開頭可能會有些麻煩，但總比寫不出來好得多！這時候，狠下心來改掉不適合的開頭，才是最好的選擇。

靈感枯竭？回到我推身邊找回悸動

如果開頭沒問題，邏輯也順暢，卻還是無法順利寫下去，那麼，試著「重新接觸推」吧！

這是我在寫書評時常用的方法。當筆停住，覺得「怎麼樣都寫不出來」時，我會重新翻開那本書，從頭讀一次。這麼一來，可能會發現新的細節，或看到適合現有切入角度的場景，甚至讓自己原本模糊的想法變得清晰，化為具體的文字。

同樣的，當你在寫關於推的文章時，不妨再度回到推的世界裡，例如：重溫演唱會DVD，再看一次其YouTube影片，或者回顧其舊作。

「推」永遠是最強的靈感來源。當你陷入寫作瓶頸，試著回到初心，感受「推」帶給你的悸動，或許靈感就會再次湧現。

反覆閱讀喜歡的文章，重啟寫作靈感

寫不出東西時，推薦你準備一份「自己喜歡的文章清單」，隨時翻閱。

也就是說，先為自己準備一個理想的文章範本。

「如果能寫出這樣的文章就好了！」——先設定這樣的標準，並將這些文章收藏起來，例如加入書籤，或是把自己喜歡的散文集擺在書桌旁，確保隨時都能拿起來閱讀。**當你反覆閱讀這些理想範本時，那些文章的節奏感、用詞方式，會逐漸滲透進你的寫作習慣中，帶來良好的影響**，這真的非常有效！

寫不出東西之時，通常也意味著「你還不確定自己理想的寫作風格」。或許有人會覺得：「不過是自己的文章，還談什麼理想，也太狂妄了吧？」但其實，寫作是一個能夠讓人迅速接近理想狀態的領域。畢竟，寫作不需要花錢，也不需要特別的資源或工具，甚至不用花太多體力——只要花點時間，就能慢慢實現你理想中的文字表達。

所以，請從現在開始，試著蒐集那些符合自己喜好的文章吧！

當你寫不出來時，這些文章會像指引方向的燈塔，告訴你：「這邊才是你想前進的方向喔！」

最後，不管用什麼方法，請務必先把文章寫完。當你完成時，你對推的熱愛，一定會自然地流露在字裡行間！

寫作時的靈感參考

★你喜歡的散文或專欄
★無意間覺得不錯的新聞或評論
★與你興趣相同的部落格文章
★影評、樂評、書評等文化類專欄

寫完還沒結束，修改才是關鍵

修改，讓文章從「能讀」變成「想讀」

好不容易，把文章寫完了。辛苦了！

稍微喘口氣後，接下來該做的，就是「修正」。

很久以前，我曾在某本雜誌的訪談裡看到作家森見登美彥說：「專業與業餘的差別，在於修改的次數。」這句話一直讓我印象深刻。

修改得越多，文章就越能趨近專業水準。

即使你的目標不是成為職業作家，修改文章仍然是一件值得去做的事！

因為**當你習慣以「修改為前提」來寫文章時，完成一篇文章的難度也會相對降低**。

當然，也有一些情況是不容易修改的，例如手寫的信件或作文，或者時間緊迫，根本來不及修正。

但現在這個時代，我們有手機記事本，可以先快速打下初稿，之後再邊修改邊手寫。這樣的方式也完全沒問題。如果是需要特別用心的文章，請務必重視「修正」的過程。

不要再覺得「文章寫完就算結束」，而是要轉變觀念，認為「文章是可以一改再改的」。

當修改變成一種習慣，甚至到了不修改就覺得渾身不對勁的程度，你的寫作技巧自然會大幅提升！

如果你是經常寫文章的人，請務必讓「修改」成為你的日常習慣。

換個角度看，找重點和問題點

那麼，在修改文章時，應該按照什麼標準來進行調整呢？

關鍵在於「①是否符合預設的讀者，②是否準確傳達想表達的內容」（詳參169頁）——**這兩點是檢視文章的核心標準**。修改時，請把這兩點當作目標來評估自己的文章。

這裡有個小技巧：試著以「不是自己」的視角來閱讀文章。

這是修改文章時最重要的關鍵點。對自己說：「現在在讀這篇文章的人，不是我！」然後帶著這種心態，重新檢視並調整內容。

如果用自己的視角來審視文章，很容易陷入這些情緒：「天啊，我怎麼會寫出這種東西……好丟臉……」「這篇文章感覺好奇怪……還是別發了吧？」

但請記住——寫文章本來就會讓人感到害羞！沒有哪個寫作的人會對自己的文章毫無羞恥感，真的！而且，如果只是因為「覺得害羞」就放棄發布，那麼辛苦完成文章的「過去的自己」不就太可憐了嗎？

所以，請抱持「這篇文章不是我寫的」的心態來進行修改。這樣不僅能幫助你克服羞恥心，也能更客觀地檢視自己的文章，發現需要調整的地方。

最好的做法是讓文章「冷卻」一晚，再回頭修改。

寫完之後，隔一段時間再來看，就能更清楚地發現哪些地方不夠清楚，或是需要調整的部分，還能順便抓出錯字。

當你覺得「這裡好像有點難懂」或「整體讀起來怪怪的」，可以試試以下三種修改方法。我會逐一解釋給你聽：

◎推薦的修改方法

①調整文章順序

②刪除不必要的內容

③加上小標

修改方法① 調整文章順序

首先，來說明「調整文章順序」的修改方法。

不論是短篇的社群貼文，還是較長的文章，這種技巧都適用。

在許多寫作技巧的書籍中，常常會提到「文章結構」這個詞。但其實，文章結構的核心，幾乎等同於「內容的排列順序」。一篇結構良好的文章，基本上就是「順序安排得當」的文章。

像是「該把哪個段落放在最前面？」「應該按照什麼樣的順序來鋪陳內容？」文章的順序，其實比想像中還要重要，尤其是「開頭應該放什麼？」這一點更是關鍵。

舉例來說，請看看以下這兩篇關於《堤中納言物語》的書評：

修改前 **《堤中納言物語》書評**

《堤中納言物語》是收錄了多篇故事的文學作品，成書於平安後期至鎌倉時代。這本書在日本高中古文課程中經常出現，但如果只是在課堂上接觸，未免有些可惜，因為書中收錄了許多充滿個性的故事。例如，其中最著名的一篇《愛蟲的公主》，據說是《風之谷》的靈感來源，描寫了一位原始版「理科少女」的故事。

此外，書中還有這樣一句話——「被月光給騙了。」

這樣的開場白，讀起來簡直就像輕小說一樣。這部作品，就像是誕生於千年前的「古典輕小說」。

當你閱讀時，肯定會驚嘆：「平安時代竟然也有這樣的故事！」

修改後 **《堤中納言物語》書評**

「被月光給騙了。」

這樣的開場白，讀起來簡直就像輕小說一樣。這部作品，就像是誕生於千年前的「古典輕小說」。

《堤中納言物語》是收錄了多篇故事的文學作品，成書於平安後期至鎌倉時代。這本書在日本高中古文課程中經常出現，但如果只是在課堂上接觸，未免有些可惜，因為書中收錄了許多充滿個性的故事。

例如，其中最著名的一篇《愛蟲的公主》，據說是《風之谷》的靈感來源，描寫了一位原始版「理科少女」的故事。

當你閱讀時，肯定會驚嘆：「平安時代竟然也有這樣的故事！」

這兩篇文章的內容幾乎一模一樣，只是調整了順序，但讀起來的感覺是不是差很多？

後者一開頭就直接拋出最具吸引力的句子，使整篇文章更具吸引力。可見，順序的安排會大大影響文章的可讀性！

如果覺得自己的文章「讀起來有點微妙」，試試「**把自己最喜歡的句子放到開頭**」這個方法吧。

不管是長篇文章還是簡短貼文，開頭的安排，往往決定了整篇文章給讀者的第一印象。

把最有力的句子擺在最前面，就能讓文章的整體質感瞬間提升！

修改方法② 刪除不必要的內容

快速寫完的文章，往往會夾雜許多與重點無關的資訊。因此，刪去不必要的部分，能讓文章更精煉，確保讀者只接收到最關鍵的訊息。

雖然刪減內容可能讓人覺得「明明辛苦寫了，刪掉好可惜！」但請放下這種執念，大膽砍掉冗長的部分。對讀者來說，這樣的文章會更精簡、更好讀。如果內容太冗長，很可能還沒讀完就放棄了。

來看看以下的例子，刪減與修改過的部分會變色標示，請特別留意這些變化。

修改前

《小婦人》書評

故事背景設定在美國南北戰爭時期，四姊妹——瑪格、喬、貝絲和艾美的故事，從父親缺席的聖誕節開始。小說的主軸是四姊妹的成長與人生轉變（其實這部作品共有四冊，而這本只是第一冊）。

這部作品的核心主題是：「比起金錢，善良與智慧才能讓人生變得富足。」

賺錢並不是壞事，但有錢並不代表人生就會幸福。關鍵在於，擁有金錢的人是否懂得如何運用，是否能讓金錢發揮對社會有益的價值。

只會存錢、抱著錢不放，並不會讓人生更富足；相反地，即便沒有太多金錢，也依然能活出豐盛的人生。讀完《小婦人》，你會對這點深有體會。

四姊妹從小就懂得幫助鄰居，也在需要時獲得鄰居的幫助。她們會彈琴給人聽、分送麵包，透過這些方式，把溫暖與愛回饋給世界。

這部小說不僅僅是關於「愛情」或「家庭」，更描繪了姊妹們與「社會」的關係。透過閱讀《小婦人》，我們也能重新思考自己與世界的連結。

隨著成長，「世界」與我們的距離會不斷變化，但無論年齡如何增長，品格與智慧的價值始終不變。《小婦人》提醒我們，真正的富足來自內在，而非金錢多寡。

修改後 **《小婦人》書評**

故事背景設定在美國南北戰爭時期，四姊妹——瑪格、喬、貝絲和艾美的故事，從父親缺席的聖誕節開始。

這部作品的核心主題是：「比起金錢，善良與智慧才能讓人生變得富足。」只擁有金錢，並不代表人生就會幸福；即使沒有金錢，依然能活出豐盛的生活。讀完《小婦人》，你會對這點深有體會。因為金錢的價值，取決於擁有者的品格與智慧。

四姊妹從小就懂得幫助鄰居，也在需要時獲得鄰居的幫助。她們會彈琴給人聽、分送麵包，透過這些方式，把溫暖與愛回饋給世界。而這樣的價值觀，即使長大後也未曾改變。她們始終如一地珍視品格與智慧。

《小婦人》提醒我們，真正的富足來自內在，而非金錢的多寡。

後者的文字量明顯較少，但閱讀起來更精煉，也更能直擊核心重點。內容的結構與意涵並未改變，只是刪去了冗長的描述，讓文章更加洗鍊。

在修正文章時，請時刻問自己：「**這句話真的必要嗎？**」養成這種刪減的習慣，能讓你的文章變得更清晰有力！

但要注意，當你以「自己的視角」來閱讀文章時，難免會覺得「這段我好不容易寫出來，真的要刪嗎？」所以，試著換個角度，想像這篇文章不是自己寫的，大膽地刪掉不必要的部分吧！

修改方法③ 加上小標

這個方法特別適用於篇幅較長的文章。如果覺得文章讀起來有點吃力，不妨試著加上小標，幫助讀者快速掌握文章的脈絡。

簡單來說，就是幫文章的每個部分取一個標題，像是幫內容加上目錄的概念。來看看以下的範例，修改後版本中變色的部分是新增的標題，請特別留意其作用。

修改前

《秘密花園》書評

一開始，你會被瑪麗的壞脾氣嚇到。

《秘密花園》是一本兒童文學，但主角的個性卻非常惡劣。甚至連瑪麗自己都知道：「這場雨還真是古怪，簡直比我還要壞心眼。」她完全不掩飾自己性格的缺陷。

這樣的瑪麗，從小在英屬印度長大，但某天雙親因瘟疫去世，她被送往英國約克郡，投靠住在大宅中的叔叔。而這座宅邸裡，有一座「被封閉的花園」……

光看故事簡介，可能會以為這是個「孤獨少女在花園中療癒心靈」的唯美故事。其實《秘密花園》講述的是一位被父母放任不管、個性變得孤僻乖張的少女，透過環境的改變，逐漸變得堅強又充滿生命力的成長故事。

原本性情乖戾的瑪麗，遇見了可以信賴的大人，吃到了美味的飯菜，也找到了自己真正想做的事——照顧植物。隨著時間推移，她變得越來越開朗、健康、有朝氣。而這段過程，其實正是一個擺脫束縛的故事。

《秘密花園》其實是一個相當現代的故事。想像一下——一個原本在都市中被父母忽略、行為叛逆的女孩，搬到鄉間，遇見溫暖的人們，並接觸了大自然，最後找回自己的生活重心……這不就是許多現代劇集的成長故事嗎？

雖然這本書的主角不是傳統「品學兼優」的完美少女，但我仍希望更多人能讀讀這部作品。一定會有人讀到一半，驚訝地想：「這不就是我嗎？」

修改後

《秘密花園》書評

兒童文學《秘密花園》的三大魅力

1. 主角瑪麗的壞脾氣

《秘密花園》是一部兒童文學，但主角的性格卻相當惡劣。

瑪麗自己也清楚這一點，甚至說過：「這場雨真是古怪，簡直比我還彆扭。」身為兒童文學的主角，居然大方說自己個性很壞——這樣的瑪麗，接下來會有什麼轉變？讓人不禁想繼續看下去。

2. 一部不受拘束的兒童文學

瑪麗從小在英屬印度長大，某天雙親相繼去世，她被送往英國約克郡，由叔叔收養並住進一座莊園。而那座莊園裡，有一座封閉的「花園」……光看這樣的故事簡介，也許會以為這是一則「孤獨少女在秘密花園中療癒自我」的美麗童話。然而，《秘密花園》其實不是那種窠臼中的故事。

這部作品真正描寫的，是一位從小被父母忽視、性格變得乖戾的女孩，隨著環境改變，逐漸成長為堅強、韌性十足的自己。

原本尖酸刻薄的瑪麗，遇見了值得信賴的大人，吃到了美味的飯菜，也發現了自己真正喜歡做的事——照顧植物。隨著生活點滴的變化，她變得愈來愈開朗、健康而有朝氣。這段過程，其實正是一個擺脫束縛的故事。

3. 一個貼近現代的故事

《秘密花園》其實是一個非常貼近現代的故事。一個從小在都市裡被父母忽視、漸漸變得叛逆的少女，搬到鄉下後，透過與有溫度的大人互動、親近大自然，開始改變自己……這樣的情節，幾乎可以直接出現在現代影集或電影中。

這部作品或許不像人們印象中的「優等生少女成長小說」，但我仍真心希望能有更多人能看看這本書，因為一定有人一邊讀，一邊忍不住想著：「瑪麗根本就是我嘛！」

後者的版本，果然更容易閱讀吧？

這就是「加上小標」的效果。當文章有明確的標題時，讀者就更能輕鬆掌握內容的架構，作者自己也能一目了然地確認文章的重點。

寫完文章後，不妨試著整理段落，為每個部分加上標題。

這不僅適用於撰寫關於推的文章，製作 PowerPoint 簡報或撰寫長篇郵件時，也是一個非常實用的技巧。

修改是寫作中最有趣的部分！

剛開始寫作時，修正文章可能讓人覺得麻煩。但當你習慣後，會發現這件事其實超級有趣！對我來說，最開心的時刻就是修改自己的文章。雖然被別人指出錯誤來修改可能有點痛苦，但自己調整文章的過程卻是充滿樂趣的。

- **怎樣才能讓文章更好讀？**
- **我想表達的內容，真的有傳達到嗎？**
- **有沒有更簡潔明瞭的說法？**
- **有哪些地方可以刪減？**

如果你能帶著這些思考來修改文章，寫作能力自然會提升。只有經過修正的文章，才能真正打動讀者。牢記這一點，好好掌握修改的技巧吧！

1. 撰寫前

★ 決定寫給誰看
（你是希望讓不熟悉這個領域的人也能看懂嗎？）
★ 確定要寫的重點（請寫得具體又清楚！）

2. 開頭

★ 先從自己的經驗或感受切入
★ 透過「脈絡」說明共通點或新發現
★ 不知道怎麼開始時，就從一個「提問」下筆

3. 完成初稿

★ 不要長篇大論寫那些查得到的資訊
★ 避免使用陳腔濫調的說法
★ 寫不下去時，就回頭感受一次我推的魅力！

4. 修正潤飾

★ 檢查「想傳達的重點」是否有清楚表達出來
★ 如果讀起來不太順，可以試著調整段落順序、刪掉多餘內容，或加上小標來調整文章結構

如何寫出「長篇文章」，傳達推的美好

敢於與眾不同的勇氣

當你按照這些方法寫完一篇文章，可能會發現自己的觀點與大多數人不太一樣。這時，你可能會猶豫：「真的可以發表嗎？會不會被批評？」

要如何鼓起勇氣，發表與眾不同的意見？

關鍵就在於**讓自己的觀點更扎實、更有說服力**。

舉例來說，當大家都在批評某部電影時，你卻想寫一篇支持它的文章。這確實會讓人緊張，畢竟你可能會擔心破壞輿論的氛圍，或者被用異樣眼光看待。

但換個角度想，這種緊張感其實能成為你反覆修改文章、精進表達的動力！

如果你感到不安，就讓自己不斷調整、修改文章，直到能夠說服自己、充滿信心為止。

當你一再修改、反覆潤飾那篇文章，最後甚至覺得：「都寫成這樣了，如果沒人看到，豈不是太可惜了！」花那麼多心力寫出來的東西，卻沒讓任何人讀到，實在有點浪費。如果你感到緊張，或是需要一點勇氣，那就把這種情緒，轉化為讓文章變得更好、也更趨完整的動力吧。

不妨帶著「我要寫到連立場不同的人也會被我說服！」的氣勢，幫自己的文章做最後一次升級吧！

第6章

學習高手寫推文，讓你的推更吸睛！

多看、多學，讓你的推文更具魅力

模仿專業寫手的技巧

在前五章中，我們已經討論了各種表達我推魅力的技巧。然而，知道技巧與實際運用是兩回事，每個人能夠轉化為文章的程度也有所不同。

因此，百聞不如一見，接下來，我們要來閱讀一些專業作家的文章，看看他們如何呈現自推的魅力。

這些範例來自我個人特別喜歡的文章，每篇都展現了不同的表達方式。請一邊思考它們的優點與技巧，一邊試著模仿看看！

這次，我整理了三種不同的寫作角度，分別是：一、我推之於自己（個人情感）；二、我推之於他人（他人視角）；三、純粹描寫我推本身。

不妨思考一下，哪種方式最適合自己？

如何用文字寫出「身爲粉絲的自己」？

現在，讓我們來看看一篇描述「身為粉絲的自己」的文章。這是日本詩人最果夕日（最果タヒ，音譯）的作品，她在這篇文章中，寫下自己身為寶塚粉絲的心境。這篇文章出自她的連載第一篇，主題是「千秋樂」。

千秋樂，指的是一場舞台劇的最終演出日。換句話說，這一天過後，這部作品將不再上演。據說，最果夕日在撰寫這篇文章時，正好也迎來了自己喜愛舞台劇的千秋樂，因此，她透過這篇文章，細膩地描寫了自己面對千秋樂時的內心感受。

我不希望千秋樂到來。我必須面對一個殘酷的事實：「我所熱愛的一切，將變成過去。」當然，我相信自己不會忘記它，畢竟只要播放藍光DVD，一切都能立刻重現。但問題是——那些影像，最終會不會變成我記憶中的全部？我沒辦法確定。那天的公演，只有我從我

這篇高明之處在於全篇不提寶塚，而是聚焦於「千秋樂」的情緒。不僅限於寶塚粉絲，所有熱愛舞台的讀者都能產生共鳴！

的座位上看到的畫面，那是我的視角、我的體驗。但即便我再怎麼努力回想，也無法真正還原當時的畫面與情感。

要是能夠坦率表示，「因為有那場公演，我感到很幸福」或是「現在的我，每天都充滿活力」那該有多好呢。事實上，或許更像是「沒有那場公演，我就無法維持平靜」。這是否真是所謂的「平靜」，我想誰都無從得知，但感覺自己正處於這樣的極限狀態也是事實。就像每當聽到「找到喜歡的興趣，讓人生更幸福！」之類的口號，我只會覺得「你是在開玩笑嗎!?」。對那些認為興趣很無聊的人，我當然會想說NO，但我也認為，「因為能讓自己覺得幸福，所以我喜歡的興趣很美好」這種說法，代表著當內心的平衡一旦崩壞，彷彿等同於宣告自己的「喜歡」很不成熟，而這也令人更感到沮喪。其實，我確實感到幸福，也很快樂。但正因為熱愛，我才會一遍又一遍地回顧，這種執著本身就像是一場狂奔，稍有不慎就可能跌得粉碎。

〔最果夕日專欄連載《藍色・亮片・藍》（ブルー・スパンコール・ブルー）第一回《千秋樂的到來》二〇二二年七月二十三日更新，網址：https://fujinkoron.jp/articles/-/6179（檢索日期：二〇二三年三月五日）〕

細膩剖析「熱愛」的心境，並質疑世俗的快樂論。與其說「我推讓人幸福」，不如承認「我推有時讓人陷入深淵」，這種誠實的自我剖析，讓文章更具說服力。

「不成熟」這個詞，精準表達焦慮。當熱愛無法帶來快樂時，我們會懷疑「是不是自己還不夠成熟？」──這種不安，相信許多人都深有共鳴。

當我讀到這篇文章時，忍不住屏住呼吸，心想：「啊，我懂這種感覺。」最果夕日雖然是詩人，但她最擅長的是將許多人「隱約能懂卻說不出口」的情感，以文字具象化，並轉化為「最大公約數的語言」。這麼說或許容易引起誤解，不過，在這篇文章中，她確實將「最大公約數的語言」這種文字技巧，發揮得淋漓盡致。

舉例來說，近年來「推／我推／推推」這種詞彙隨處可見，但對於「推」的定義，許多人其實仍懷抱著一種說不清的矛盾感。社會大眾談論推時，往往強調「有推就有快樂」、「每天都被我推治癒」，這類正向的語言成為主流。然而，現實卻並非如此。

正因為我們熱愛我家偶像，才會對他們身邊發生的種種無法釋懷；也會因情緒起伏過大，而時常感到不安與忐忑。這種愛，其實總是伴隨著掙扎與矛盾。畢竟，就是因為喜歡，所以才會這麼在意。

最果夕日的文字，正是以一種美麗的方式，精準捕捉了這種「喜愛」所帶來的矛盾情感。例如她筆下的這段話：

「這是否真是所謂的『平靜』，我想誰都無從得知，但感覺自己正處於這樣的極限狀態也是事實。就像每當聽到『找到喜歡的興趣，讓人生更幸福！』之類的口號，我只會覺得『你是在開玩笑嗎!?』。我看到這段時忍不住想拍大腿：「沒錯，我也是這樣想的！」

這不就像是戀愛嗎？即便這份「喜歡」並非帶有情慾的戀愛情感，但當一個人因熱愛而被強烈的情緒牽動時，往往並不會變得平靜，反而會更加焦躁不安。

正因如此，當她寫道：「『因為能讓自己覺得幸福，所以我喜歡的興趣很美好』這種說法，代表著當內心的平衡一旦崩壞，彷彿等同於宣告自己的『喜歡』很不成熟，而這也令人更感到沮喪。」對此，我也瞬間深感共鳴。是啊，並不是所有的「推推人生」都一定要帶來快樂，這並不影響我們對推的愛，也不代表我們的愛是不完整的。

這種感受，或許很多人從未明確地說出口，但一旦化為具象的文字，我相信，許多人內心其實都有過這樣的想法。如果大家都這麼想，那為什麼以前沒有人這麼說過呢？——最果夕日的文章，往往能夠讓人產生這種感受。

原因就在於，**最果夕日的文字並未落入所謂的「制式老套表達」——也就是「陳腔濫調」**。當大眾習慣用固定的方式來談論「我推」或「喜歡」時，她卻選擇重新審視這些詞語的定義，並以自己的語言去重組和表達。也正因她的文字不拘泥於千篇一律的說法，當我們讀到時，才會驚覺：「這種感覺我一直都有，但從來沒想過可以這樣表達……但仔細一想，這不就是我心裡真正的想法嗎？」

在書寫對我推的熱愛時，我們不必沿用那些大家慣用的表達方式，不妨試著用自己的語言來重新思考與描述。

這正是前幾章所傳達的核心技巧——不受制於既有框架，而是用自己的方式重新整理與建構語言。最果夕日的作品，正是這種「語言重構」的極致展現。每當我閱讀她的詩或文章時，都能深刻感受到她如何一次次拆解、重新組合語言，創造出前所未見的表達方式。

「粉絲視角」的極致展現——向三浦紫苑學習！

接下來，讓我們看一篇描寫粉絲（他人）如何看待推推的文章。這是出自日本知名作家三浦紫苑的隨筆集《我不小心愛上了。》（好きになってしまいました。，暫譯）中的一段，描寫的是疫情期間的演唱會現場。

這篇文章是在新冠疫情剛開始肆虐時所寫的，三浦紫苑描述了她為了某個「唱歌跳舞都閃閃發亮的團體」的演唱會，如何做好萬全的健康管理，親自前往東京巨蛋的過程。

值得一提的是，三浦紫苑曾說自己「平常在演唱會上就是個抱著手臂、像地藏王菩薩一樣靜靜看著的觀眾」，然而這次她心裡卻有些擔憂——「畢竟對方的光芒過於耀眼，就算是地藏王菩薩，也可能會忍不住發出聲音吧？」

但隨著演出開始，三浦紫苑的注意力卻逐漸轉移到身旁的女孩身上。

當時正值疫情初期，也就是說，即使粉絲進場觀賞演唱會，也被嚴格禁止發出聲音。然而，當自家偶像登場時，粉絲難免會失控想尖叫——這是再正常不過的反應了。

那麼，三浦紫苑在演唱會現場，究竟目睹了怎樣的情景呢？

「我身旁（嚴格來說是隔了一個座位）坐著一名大約十幾歲的女孩。她用手臂遮住戴著口罩的嘴巴，拚命壓抑住聲音，一邊瘋狂揮舞著手中的旗幟。很明顯，她其實想大喊「啊啊啊啊——」，但又極力忍住了。嗯嗯嗯，女孩我懂、我懂妳的心情……！」無言點頭的地藏王菩薩如是說。

但考驗還沒結束。閃閃發亮的團體開始從舞台上走下花道，甚至分別搭上小型移動舞台，在場館四周巡迴，這樣一來，他們與觀眾的距離比站在主舞台時還要近得多。

這種光芒……這種強度……人類真的忍得了嗎？地藏王菩薩感到不安，偷偷看了一眼身旁的女孩。她似乎已經無法單靠手臂來壓抑激動的情緒，竟然開始咬住口罩上的毛巾。不對，她甚至開始用力把毛

將偶像的服裝或髮型等細節描寫降到最低，統一以「閃閃發亮的團體」來稱呼，這樣無論是讀者還是粉絲，都能更專注於整體描寫。

巾塞進口罩裡……！女孩我懂妳，但這樣下去，妳不會窒息嗎!?妳還好吧!?

然而，她依然忍住了。她始終沒有發出一絲聲音，眼神緊緊鎖定著她的最愛。望著這樣的她，我心裡想：「比起這些閃閃發亮的偶像，她的模樣才是真正閃閃發亮，無比動人。」

事實上，如果不知情的人看到她「鼓著腮幫子、用毛巾猛力壓住嘴巴」的模樣，可能會有些擔心，甚至會覺得有點滑稽。但她內心的激動溢於言表，她到底期待這場演唱會多久了？此刻她又受到多少感動？即便內心如此澎湃，她依然牢記著規則，不讓自己發出聲音，以免影響到身邊的觀眾……所有這一切，都讓我不禁感動地想：「這女孩真的太棒了！」

像她這樣的粉絲聚集在一起，讓東京巨蛋成了一個只聽得見拍手聲與小旗子搖動聲的無言空間。

（三浦紫苑《我不小心愛上了。，暫譯》，大和書房出版）

將粉絲的興奮表現得淋漓盡致……!!

透過描寫粉絲的反應，也能展現出他們所支持的團體有多麼精彩！

這篇文章真的很棒，對吧？

透過描寫「被摯愛團體的魅力震懾到極致的粉絲」，三浦紫苑成功地展現了「偶像的閃閃發亮」與「粉絲的閃閃發亮」這兩者之間微妙的平衡。

如果要描寫疫情時期的演唱會，其實可以選擇從主辦方的角度切入，例如詳細描述場館的通風狀況，或是主辦單位如何設計規則來確保觀眾不發出聲音。甚至可以寫寫偶像本人如何談論疫情下的演唱會體驗。但三浦紫苑沒有選擇這種方式。

當然，這篇文章還是有提及疫情對演唱會的影響，但只是輕輕帶過，沒有過多鋪陳。這篇隨筆真正的主題是「且看身為鐵粉的一名女孩——如何努力克制自己，不發出聲音。」

當我們讀到這篇文章時，內心自然會開始好奇：「天啊，這場演唱會到底有多令人感動，才會讓粉絲忍不住想尖叫，甚至用毛巾塞住嘴巴？」「這群粉絲也太遵守秩序有禮貌了吧……到底是哪個偶像團體啊？」我們不只是對這名粉絲留下印象，更會對這個女孩如此熱愛的偶像團體產生興趣，進而想要了解他們的魅力。

這就是這篇文章高明的地方——透過描寫粉絲的模樣，反而凸顯了偶像的魅力。

這或許比單純寫一篇文章誇獎偶像還要更有說服力，就像與其直接說「這塊蛋糕很好吃」，不如描述「這個人吃到這塊蛋糕時，驚喜到流下眼淚」更能讓人感受到那份美味。

不過，如果一篇文章同時想強調「我推的魅力」和「粉絲的可愛」，兩者的篇幅相當，反而會讓主題變得模糊不清。正因為這篇文章聚焦於「粉絲如何極力壓抑情緒」，才更能彰顯所推團體的強大魅力。

如何直擊靈魂，描寫我推本身的魅力

前面介紹的兩篇文章，分別描寫了「粉絲如何看待我推」（自己的視角）以及「其他粉絲如何看待我推」（他人的視角）。最後，讓我們來看看一篇直接描寫一篇描寫關於「推本身」的文章。

這篇文章或許會讓人覺得有點意外——它其實是關於英國小說家珍・奧斯汀（**Jane Austen**）作品《勸服》（***Persuasion***）的書評。作者是東京大學研究所的英美文學教授阿部公彥。看到這裡，你可能會想：「等一下，這種學術性書評，怎麼會是一篇傳達我推魅力的文章？」但我認為，這正是一篇能夠完美傳達「我推偉大之處」的文章。

英美文學的經典名著，對許多讀者來說或許有些陌生。那麼，阿部教授會如何介紹這部作品，讓它變得更具吸引力呢？我們一起來看看吧！

每到畢業論文或碩士論文選題的季節，英美文學系的熱門話題依舊離不開莎士比亞與珍．奧斯汀。今年，除了經典的《傲慢與偏見》（*Pride and Prejudice*），還有人選擇了《勸服》作為研究主題，這讓我不禁眼前一亮：「哦？有意思。」

在奧斯汀的作品中，《勸服》算是相當冷門、內斂的一部。光是書名「Persuasion」（勸導、說服）這個詞，就已經充滿了濃濃的滄桑感。一般來說，文學作品中的「說服」或「勸導」，往往是極其華麗的場面。莎士比亞的《十四行詩》、約翰．鄧恩（John Donne）那些變態級的情詩、安德魯．馬維爾（Andrew Marvell）甜膩無比的《致羞怯的戀人》——這些經典文學中的「勸服」，往往是技巧華麗、辭藻豐富的求愛告白，展現出作者的語言魅力。畢竟，文學中最精彩的橋段之一，正是「說服某人答應自己」。

對英國文學有興趣的人固然不少，但是寫過相關畢業論文的人更多。這樣的開頭，能成功吸引讀者的目光！

然而，《勸服》中的「勸說」卻有所不同。這部小說的核心不在於「來吧，跟我走！」這類積極的勸誘，而是完全相反的消極勸阻：「別這麼做比較好」。小說的重點並非發生了什麼，而是「沒有發生什麼」。特別是——八年前，沒有發生的那件事。女主角安．艾略特（Anne Elliot）已經快要三十歲了，仍未婚。其實，在八年前，她曾經差點與溫沃斯上校（Captain Wentworth）訂婚。但當時她的親朋好友告訴她：「不要這麼做。」於是，她心想：「嗯，身為女性，還是謹慎點比較好吧。」就這樣，她選擇了分手。

什麼？這就放棄了？等一下，妳可是小說的女主角耶！很多讀者或許會產生這樣的疑問。畢竟，在近代小說中，許多經典女性角色都是「被勸阻時選擇反抗」，這才讓她們成為故事的主角。喬治．艾略特（George Eliot）、艾蜜莉．勃朗特（Emily Brontë）、夏綠蒂．勃朗特（Charlotte Brontë）等十九世紀英國文學巨匠，都熱愛描寫這類堅決不屈從的女性角色。甚至奧斯汀自己在《傲慢與偏見》中，也塑

讓從未讀過這部小說的讀者也能產生「原來如此！」的理解與共鳴。

造了一個不願妥協的女主角。

然而，《勸服》中的安卻與眾不同。當她被勸說「還是別繼續了吧」時，她便真的選擇了放棄，並且直到小說的最後，都仍然深信自己當初的決定是正確的。這樣的人，真的適合當小說的主角嗎？但奇妙的是，這樣一個個性消極、內斂低調，甚至在其他角色眼中像個「好用的工具人」，年僅二十七歲就已經被人說「最近老了不少」的安，她的故事卻讓讀者忍不住想一探究竟。我們會情不自禁地想問：「然後呢？她到底會怎麼做？」就連她平淡無奇、枯燥乏味的日常生活，也讓人忍不住想繼續讀下去。

（阿部公彥，《勸服》——珍・奧斯汀作品，中野康司譯，二〇一三年一月二十七日更新）

出人意表的女主角形象，使人對故事情節充滿好奇！

這篇書評寫得非常高級，卻又讓人忍不住想讀下去！每次讀阿部教授的文章，我都忍不住興奮起來。

這篇書評之所以出色，首先體現在它的開頭。

「每到畢業論文或碩士論文選題的季節，英美文學系的熱門話題依舊離不開莎士比亞與珍．奧斯汀。」這樣的開場，即便是對奧斯汀不特別感興趣的人，也會忍不住「噢～原來如此」地點頭讀下去。

這篇書評發表於「書評空間：紀伊國屋書店 KINOKUNIYA BOOKLOG」，這是一個由紀伊國屋書店經營的網路書評部落格。既然是這樣的平台，讀者多半是愛書之人，因此，若是直接以「奧斯汀的作品中，《勸服》算是相當冷門的一部」作為開頭，應該也不會有太大問題。畢竟，能夠點進紀伊國屋的部落格來讀書評的人，至少應該聽過珍．奧斯汀的名字吧？

但阿部教授並未選擇這樣的方式，而是先從「畢業論文與碩士論文」的話題切入。這或許是東大教授獨特的寫作風格，但相比直接以「奧斯汀的作品裡，《勸服》算是冷門之作」作為開場，還是「近年來，即便是學習英國文學的學生之中，奧斯汀仍然是人氣作家呢～」這樣的開頭更容易讓讀者融入話題。**這種輕鬆自然的導入方式，正是阿部老師成功傳達「我推」魅力的關鍵所在。**

接下來，在正式介紹《勸服》的劇情前，他先寫道：「然而，《勸服》中的『勸說』卻有所不同。這部小說的核心不在於『來吧，跟我走！』這類積極的勸誘，而是完全相反的消極勸阻：『別這麼做比較好』。小說的重點並非發生了什麼，而是『沒有發生什麼』。」——這段文字在介紹劇情之前，先解釋了書名的意涵，並進一步揭示這部小說的核心主題。

這樣的安排，真的令人讚嘆！因為，對於沒讀過這本書的讀者來說，小說的劇情概要其實並沒有那麼吸引人。然而，在讀到劇情介紹之前，先有了「這部小說探討的是一種與一般愛情小說不同的『勸服』」這樣的概念鋪陳，便能讓人產生「哦～原來是這樣！」的理解。

這種讓讀者「好像理解了某些東西」的鋪陳方式，極其重要。

對於完全沒讀過這部小說，甚至覺得「經典名著」這類書籍難以親近的人來說，看到「珍．奧斯汀？而且還是她比較冷門的作品？感覺很難懂耶……」時，產生卻步心理是很正常的。

然而，這篇書評巧妙地營造出「別擔心，其實沒有那麼難懂」的氛圍，這正是書評應該做到的事——讓讀者明白：「這本書的主題，與你的日常生活其實差不了多少喔！」如此一來，讀者便會產生「如果是這種主題的話，或許我也能理解！」的信心。而這個「讓讀者產生自信」的過程，在書評中完整地落實了。

閱讀跨領域的好文章，讓你的推推表達更升級

書評，換句話說，就是一種「推推＝書籍」的介紹文，而這類文章充滿了如何讓「看起來門檻很高的領域變得平易近人」的技巧與啟發。當然，因為我是書評家，所以對這類文章有著特別的偏好。但即使如此，我相信這裡所介紹的內容，對正在閱讀這本書的你來說，也能帶來許多有用的參考。

阿部教授的這篇書評，其實網路上還有後續內容，有興趣的話，不妨找來看看！除此之外，試著多閱讀其他書評或評論文章，一定也能幫助你提升自己的寫作與表達能力。

如果你覺得英美文學離自己很遙遠，那麼從阿部教授的書評裡，或許可以學到：「當有人覺得你的推所在的領域很陌生時，你要怎麼向他們傳達推的魅力？」

找到你的「範本」，成為更會說話的粉絲

透過模仿，找到自我風格

這次，我介紹了三種不同的方式來表達對我推的熱愛。但這些只是範例，更重要的是，你可以主動去尋找適合自己推推所在領域的優秀文章，看看別人如何生動地傳達熱愛。正如前文提到的，找到那些讓你覺得「這篇文章真棒！」「這樣的敘述方式好喜歡！」的範本，對你的寫作會非常有幫助。

學寫文章最有效的方法之一，就是「模仿」。**當你讀到一篇讓你心動的文章，不妨試著去模仿它的文體、結構與節奏，試想如果換成這位作者來寫你的推，他會怎麼寫？**他的文章是如何開場的？選擇了哪些切入點？引用了哪些內容？光是

這樣思考，可能就會讓你的靈感源源不絕，寫作也變得更為容易。

我自己在卡關時，常常會天馬行空地想像：「如果是我喜歡的作家●●來寫這本書，他會怎麼下筆？」

光是這樣幻想，就能比較順利地進入寫作狀態。而且，即使是模仿別人的風格，真正決定內容的還是自己，這樣的練習並不會讓你的文章變成單純的抄襲。

另一個我經常使用的方法，就是回頭重讀自己曾經視為範本的文章。這點其實我在第五章也提到過了。當你不確定該如何表達時，回去看看那些你欣賞的文章，它們會像燈塔一樣，指引你前進的方向。

這種方法不僅適用於寫作，對於想用語音或影片來分享所愛的人來說，也同樣有用。

「這種說話方式好棒！」「遇到這種場合時，原來可以這樣回應啊。」這些都是你可以學習的地方。透過累積範本，你會更快掌握如何流暢地表達自己。無論是寫文章還是發表言論，尋找範本都是讓自己更快進步的捷徑。

而當你不斷模仿時，總會有些地方不自覺地「偏離範本」，而這些無法完全模仿的部分，就是你個人風格的起點。**與其一開始就刻意追求獨特，不如在模仿的過程中，讓自己的特色自然浮現。**

所以，請試著找到你的「範本」，分析它的優點，思考自己為什麼會被這種表達方式吸引，並從中提煉出屬於自己的風格。

個性不是刻意塑造出來的，而是從你模仿的框架中，自然而然地滲透出來的。

所以，不妨先大量閱讀、聆聽，然後開始嘗試吧！

附錄

有效說愛！粉絲表達Q&A全攻略

遇到瓶頸時可供查閱的Q&A

想分享我家偶像的魅力，卻總覺得沒能打動別人；明明是自己喜愛的事物，卻無法順利介紹給他人；久而久之，乾脆不再主動提起——陷入這樣的迴圈時該怎麼辦？這些Q&A也許能給你一些啟發，幫助你找到適合自己的推推表達方式！

Q.1

想介紹自己的推時，總覺得很難產生共鳴

明明我愛豆這麼棒，但我身邊的人卻興致缺缺，我覺得自己的介紹沒能打動別人，最後乾脆不太提了，結果陷入了「越不說↓越不會說↓更不想說」的無限循環……要怎麼說，才能讓對方產生共鳴呢？

A. 關鍵在於慎選提供給對方的資訊

能打動對方的內容，通常分成兩種：①讓對方產生強烈共鳴的話題；②在對方感興趣的範圍內，提供新鮮的資訊。在第二章（87頁）中，我提過「有趣的東西，要嘛能讓人產生共感，要嘛能帶來驚喜」，介紹你的推也是同樣的道理。

所以，當你想向別人介紹很愛的明星時，可以先想想你的內容是否符合①或②其中之一。也就是說，你的介紹應該符合以下兩點之一：①讓對方產生共鳴；②提供對方感興趣範圍內的新資訊。

例如，在一對一對話時，可以從對方的興趣出發：最近你不是在減肥嗎？我推最近也有分享飲食管理的內容哦，你可以去看看！」「你不是喜歡看音樂劇嗎？我偶像最近要演舞台劇了，你覺得需要事先做功課嗎？」這類對話能與對方的興趣產生連結，更容易讓對方產生好奇心。

如果是在一群人面前分享，也可以試試從新的觀點切入，例如：「從●●的角度來看，這個 K-pop 團體其實其實開創了一個新方向！」即使對方本來對 K-pop 沒興趣，也可能因為這種新鮮的解讀方式「原來這麼有趣！」而被吸引。又或者，你可以用情感上的共鳴來打動對方：「當時我真的超低潮，結果看了這個演員演的戲，整個被救贖了！」這樣的故事，會讓許多人產生「我懂！」的共鳴感，進而對你的推產生興趣。

在你能分享的「我推相關資訊」當中，有沒有什麼是在對方感興趣的範圍內、但對方還不知道的新資訊呢？如果能從這個角度去思考並進行對話，或許就能找到讓對方產生興趣的突破口！

說到「提升表達能力」，聽起來好像很抽象，但如果換個角度，從「我能給對方什麼資訊？」來思考，就會發現——哪些內容應該省略？哪些應該強調？先從哪裡切入比較好？這些都是可以慢慢琢磨、優化的！希望這些建議對你有所幫助，加油！

Q.2

在社群平台只能轉發別人的發文

如果是和志同道合的朋友聊天，我可以順暢地說出心得。但當我想要「在SNS上寫點什麼」或「分享給陌生人」時，卻怎麼都找不到合適的詞，來描述當下的感動與光芒。結果，最後只能轉發別人的推文，然後加上「快看這個！」或「完全就是這樣！」……怎麼辦呢？

A.

深掘「自己對推的感受」

在你喜愛的領域裡，如果「寫感想」這件事本來就是一種文化——像是社群媒體上的演唱會心得、新歌MV感想等等，那麼，閱讀他人的感想確實是一件很有趣的事。但這樣一來，有時反而會降低自己動筆寫的動力，對吧？畢竟，別人寫得已經很棒了，自己不寫好像也沒什麼影響……你會這樣想，我完全能理解！但是就算如此，你的原創感想還是絕對值得留下來！

這一點，在第一、二章已經詳細說過了，如果有興趣，建議你再回去看看。

簡單來說，「寫下自己的感想，不僅能讓自己對推有更深的理解，也能幫助自己更了解自己」，這就是最重要的理由。

你提到「怎麼寫都無法精準表達當下的感動」，或許可以先別急著寫自推，而是先描寫自己當下的情緒。

舉個例子，如果你在MC時聽到某句話講得真好，心裡瞬間閃過「天啊，這句話好尊*……」的念頭，那麼不妨問問自己：「為什麼這句話會讓我有這種感覺？」「他其實還說了其他話，為什麼偏偏這句話最讓我印象深刻？」「啊，原來是因為之前某次訪談裡，他曾說過類似的話，這次則讓我感受到他的成長！」這樣一來，你的感想就不只是「好尊」，而是變成一個完整的「感動體驗」。這樣的感想寫出來，會比單純的轉述內容來得更有深度！

而且，比起單純記錄我推說了什麼、做了什麼，用這種方式寫下自己的感情變化，反而能讓更多不熟悉你家本命的人也感受到他的魅力！

* 「尊」源自日文「尊い」（TOUTOI），意指美好至極的存在，多用於讚美推，現已普及至臺日年輕人，常見用法如「好尊」、「尊爆」等。

當然，單純的活動紀錄或發言轉錄也很有趣，但如果你覺得「這些別人都寫了，我寫不寫好像沒差」，那麼不妨試試從自己的角度去挖掘更多細節，這樣一來，之後回頭看自己的文字，也會變得更有趣、更值得回味！

用你的文字，讓別人也能感受到你眼中的推有何閃耀之處——這才是推推語錄最棒的魔法！

Q.3

我想擺脫連珠砲似的阿宅語氣！

每次談到我推，就會變成沒有標點符號的「暴走宅語」，而且還會不自覺地塞滿擬聲詞、行話，這該怎麼改善呢？

A.

你想保持快節奏的溝通方式嗎？

我懂因為我也是……！真的非常能理解你的心情，但如果要提出一個解決方法的話，那就是「養成觀察對方反應的習慣」。

其實，就算講話充滿擬聲詞、擬態語，就算語速快到像機關槍，只要對方能理解、覺得有趣，那就沒問題！但關鍵就在於——如果對方露出了「嗯？聽不太懂……」的表情，問題就來了。

這時，能不能當下察覺到「糟糕，對方好像有點跟不上，我應該換個說法」就成了決定你是否會讓對方跟丟的關鍵點！

為什麼我們會不自覺變成「高速輸出」的「宅宅語調」？說到底，就是因為我們太想把「我推的魅力」快速傳達出去，所以下意識地把「速度」擺在最優先的位置。這一點，我在第三章（134頁）有更詳細的說明，有興趣的話可以回去看看！

如果能從「快點把我推的魅力說完」轉變為「讓對方確實感受到我推的魅力」，你的說話方式自然也會跟著改變。重點是，你想以哪個目標為優先呢？速度？還是準確傳達我推的魅力？這個選擇，會直接影響你的語氣與表達方式哦！

Q.4

老是對別人的言論感到不耐煩

我追了一位偶像很久，但上網時，偶爾會看到「比我晚入坑的人」發表一些自以爲懂很多的言論，每次看到這種發言，心裡就忍不住火大……我該怎麼調整自己的心態呢？

A.

直接遠離就好。

網路的優點之一，就是可以輕鬆觸及許多「和自己同樣都是粉絲的發文」，但同時也會讓你不由自主地開始在意別人的發言。

不過，網路的另一個好處是，你可以自由選擇要不要看那些讓你不適的內容。

所以，與其讓自己煩躁，不如直接迴避吧！如果對方是SNS上的人，可以直接「靜音（Mute）」；如果自己最近容易煩躁，就乾脆「暫時遠離社群」。

畢竟，網路上根本沒有「一定要看的資訊」。只要你不去看，那些讓你不爽的發文，就等於不存在！所以，感覺不對勁的時候，別勉強自己，離開就對了。

Q.5

除了「就是喜歡！」其他什麼都說不出來

每次被問到「爲什麼喜歡你的推？」我腦海裡只有：「喜歡還需要理由嗎？就是喜歡啊！」但仔細想想，自己好像也眞的說不出個所以然來……這樣是不是不太對勁？

A.

與其說「喜歡的地方」，不如試著聊聊「讓你心動的瞬間」吧！

我們常聽人說：「喜歡哪需要理由？」但真的是這樣嗎？老實說，我對這句話有點存疑。

因為「喜歡」的背後，一定有個開端。你之所以會推某個人，一定是因為某個契機，然後，一次又一次地心動，漸漸堆疊起來，讓這份喜愛越來越深。甚至，可能還經歷過那種「嗯……好像沒那麼喜歡了？」但後來又發現「不行，我果然還是喜歡他！」的時刻。

也就是說，這種「喜歡」並不是突如其來的，而是一點一滴累積起來的情感。在這個過程中，一定有許多觸動你心弦的瞬間，才讓你變成現在這樣深愛著推推的自己。

所以，與其糾結「我推到底哪裡好」，不如試試看從具體的回憶、契機或事件來談談吧！

其實，我特別喜歡聽朋友分享這種故事，尤其愛聽他們述說「一度懷疑自己是不是沒那麼喜歡了，但後來又確信自己果然還是最愛他們！」這種話題，不僅讓你更了解自己喜愛的程度，也能幫助你更清楚推對你來說到底有多特別。試著聊聊那些讓你心動的瞬間，或許會比單純說「喜歡就是喜歡」來得更有趣哦！

Q.6

我的感想要是和別人「完全不同」或「完全相同」，都會覺得不安

當我的想法和大多數人不一樣時，我會猶豫：這樣的感想能發出來嗎？大家會不會覺得奇怪？但如果我的感想和大家完全一樣，又會覺得：既然大家都已經說了，我還有必要發文嗎？遇到這種時候，該怎麼調適自己的心態呢？

A.

磨練自己的表達，讓你的發文更有價值！

無論是你的感想和別人大相逕庭，還是完全一樣，你可能都會開始懷疑：「我還需要發這篇嗎？」這應該就是你現在的困惑吧。

首先，關於「發表與大家不同的意見與感想需要的勇氣」，我個人的看法是——只有不斷修潤自己想發的內容，才能培養出這份勇氣。這麼說或許有點強勢，但這也是我的真心話。詳細內容可以參考第五章（226頁），有興趣的話，請務必看看。

透過不斷修改與精進內容，讓自己的發文變成「就算被任何人看到，也完全不會覺得丟臉的文章」，這樣的過程，才是真正建立發文自信的關鍵。如果你能夠寫出足以說服他人的內容，那麼你自然就會有勇氣發表。強化你的表達力，深入細節，反覆修正，讓你的內容更具說服力，這些努力都將轉化為你的信心與底氣。

而至於「發表和大家完全相同的意見」是否有意義，這個問題其實也可以透過精進表達來解決。因為當你開始深入思考自己的感受與解釋，挖掘更細微的觀點時，即使結論相同，你的表達方式與切入角度也會變得獨一無二！你的經歷、你曾經熱衷過的領域、你被吸引的特點——這些都是屬於你個人的視角。只要善加運用，即便結果相似，你的內容也會與眾不同。

這本書所提到的「確立你鎖定的對象」、「細分、拆解你的觀點」、「不斷修正潤飾內容」等等技巧，都能幫助你打造出屬於自己的表達方式。請嘗試運用這些方法，大膽發表你的想法吧！

因為，我真的很期待看到各位的感想！

後記

看到這裡，你是不是也開始想聊聊你的推了呢？

身為宅宅粉絲，我完全能理解在喜歡推的過程中，難免會歷經辛酸、悲傷、緊張、懊悔的時刻……但即便如此，仍然會發自內心地覺得「好喜歡我推！」「真的超愛這本小說！」「我偶像太尊了！」能有這樣的情感，真的是十分美好的事。

這世上充滿了各種關於推的討論，但在社群媒體上，我們應該盡量建立自己與他人之間的界線，保持愉快的心情，享受推所帶來的樂趣。身為宅宅粉絲的一員，我衷心期望你也能擁有這樣的理想生活。

如果在這段過程中，本書能為你提供任何協助，那就太好了！

用自己的話來談論推，能夠讓你的「推活」更加健康而充實。

這可不是玩笑話，我是真心這麼認為。如果各位能親自體會到這樣的效果，我會非常開心。

既然這裡是本書的後記，我想聊聊一些個人的想法。

其實我寫這本書真正的原因……這樣講好像有點太正經八百？不過，我想分享一下為什麼自己現在會想寫這本書。

那是因為，這十年來，我一直對SNS上的各種言論感到不安——就像刀刃在空中四處飛舞，每個人都毫無防備地暴露在這些言語之下。十年，真的很長。但這十年來，我的內心一直懸著，始終感到忐忑不安。

當然，像炎上事件或誹謗中傷那樣明顯帶有攻擊性的言語，確實是其中一部分的刀刃。但更令人擔憂的是，那些看似正確的言論當中，也潛藏著無數危險的刀鋒，隨處揮舞。

即使是言之有理的內容，但措辭要是過於激進強烈，仍然是一種劇毒，讓人難以解讀其中的真意，這樣的言語太具攻擊性，太容易滲透人心。而當我們長期閱讀這類強烈的言語時，往往會在不知不覺間受到影響。

我會提到這一點，並不是單純想精神喊話：「不可以用會傷害別人的話！這樣不好！」（當然，誹謗中傷的行為絕對不值得鼓勵）。

我認為真正可怕的是，我們的思考會因為他人的語言而過度受到影響。然而，目前這一點仍然沒有受到廣泛的認知。大多數人對此都毫無防備、很輕易就會受到影響，這真的讓人感到害怕，我自己也不例外。

是的，社群媒體是個非常容易被他人影響的地方！所以，我們必須學會保護自己。

我們需要劃清「別人的言語」和「自己的言語」之間的界線。

唯有如此，才能讓他人的話不再像一把刀，隨時可能劃傷自己。

為了避免他人的話語成為傷人的利刃，我們必須創造出屬於自己的言語。

「跟他人的言語保持距離，創造出自己的言語」，這正是我寫下這本書的初衷。

當然，我們也必須要有這種自覺，那就是自己的言論也可能成為一把利刃，但比起這點，我認為保護自己不受他人傷害，才是更重要的課題。讓我們一起努力吧，學會區分「自己的言語」與「他人的言語」。這樣，我們才能保護好自己。畢竟，言語確實蘊含著危險而強大的力量。

雖然寫了這些看似有點厲害的話……但在這本書的整個寫作過程中，我一直感覺像在跟自己對話。對我而言，要區分他人與自己的言語，依然是相當大的挑戰。但，我仍然會持續努力下去。

生活中無法沒有言語。即使是談論推，也不得不使用到言語，這是最簡便也最快速的方式。

讓我們學習如何使用言語，一同磨練創造自己言語的技術。我便是懷抱著這樣的心情寫下這本書。

希望這份心意，多少能夠傳遞給你。

這本書能夠誕生，首先要感謝 Discover 21 出版社，以及編輯小石、業務野村，還有參與「推」相關問卷調查的 Discover 21 同仁們，真的非常感謝各位。希望有機會能跟大家一起開個「談論我推的交流會」……

衷心期盼本書能幫助你讓推的魅力更加閃耀！

最重要的是，願你能擁有健康的推活，培養良好的發文和表達習慣。

讓我們一起愉快地暢所欲言，創造出屬於自己的言語吧。

或許，一切就會從踏出這一步開始。

三宅香帆

0HDC0132

讓全世界愛上我推：用自己的話，寫出人人追蹤的社群爆文術

推しの素晴らしさを語りたいのに「やばい！」しかでてこない
— 自分の言葉でつくるオタク文章術

作者 / 三宅香帆
譯者 / 林佑純
插畫 / ヨコ

責任編輯 / 高佩琳　**特約編輯** / 我推祥生　**封面設計** / FE 設計　**內頁排版** / 鏍絲釘

總 編 輯：林麗文
副總編輯：賴秉薇、蕭歆儀
主　　編：林宥彤、高佩琳
執行編輯：林靜莉
行銷總監：祝子慧
行銷企劃：林彥伶

出　　版：幸福文化 / 遠足文化事業股份有限公司
地　　址：231 新北市新店區民權路 108-3 號 8 樓
粉 絲 團：https://www.facebook.com/happinessnbooks/
電　　話：（02）2218-1417
傳　　真：（02）2218-8057

發　　行：遠足文化事業股份有限公司
地　　址：231 新北市新店區民權路 108-2 號 9 樓
電　　話：（02）2218-1417
傳　　真：（02）2218-1142
電　　郵：service@bookrep.com.tw

郵撥帳號：19504465
客服電話：0800-221-029
網　　址：www.bookrep.com.tw

法律顧問：華洋法律事務所 蘇文生律師
印　　製：呈靖彩藝有限公司

初版一刷：西元 2025 年 5 月
定　　價：430 元

ISBN：978-626-7680-08-7（平裝）
ISBN：978-626-7680-10-0（EPUB）
ISBN：978-626-7680-09-4（PDF）

國家圖書館出版品預行編目(CIP)資料

讓全世界愛上我推：用自己的話，寫出人人追蹤的社群爆文術 / 三宅香帆著 ; 林佑純譯. -- 初版. -- 新北市 : 幸福文化出版社出版 : 遠足文化事業股份有限公司發行, 2025.04
面 ; 公分. --（富能量 ; 132）
譯自 : 推しの素晴らしさを語りたいのに「やばい！」しかでてこない：自分の言葉でつくるオタク文章術
ISBN 978-626-7680-08-7(平裝)

1.CST: 廣告寫作 2.CST: 網路行銷 3.CST: 寫作法

497.5 114002876